起步造价员

造价小白学啥上手快
——安装工程造价

鸿图造价　组编

杨霖华　赵小云　主编

机械工业出版社

本书针对造价学习"枯燥难学"这个问题，从造价的基础出发，将造价员应该掌握的知识逐步深化，内容上从基础到主体，层次上由浅入深，做到层次分明，让知识"站"起来（主要做三维结合），跟着"站"起来的知识一起学习造价，形式上改变了传统的老旧模式，内容上也做到了与时俱进。

本书共有 12 章，内容包括：安装工程造价基础知识，安装工程识图，工程量的计算原理，设备安装工程，通风空调工程，工业管道工程，消防工程，给水排水、采暖、燃气工程，建筑智能化及自动化控制仪表安装工程，刷油、防腐蚀、绝热工程，安装工程工程量清单与定额计价，安装工程造价软件的运用等内容。

本书可作为"造价新手、造价小白"的入门指导书，同时可供广大参加造价工程师职业资格考试的应考人员使用，也可以作为大中专院校、函授等相关专业的教学参考用书。

图书在版编目（CIP）数据

造价小白学啥上手快. 安装工程造价/杨霖华，赵小云主编.
—北京：机械工业出版社，2020.6（2024.2 重印）
（起步造价员）
ISBN 978-7-111-66778-0

Ⅰ.①造… Ⅱ.①杨… ②赵… Ⅲ.①建筑安装–工程造价
Ⅳ.①TU723.3

中国版本图书馆 CIP 数据核字（2020）第 197650 号

机械工业出版社（北京市百万庄大街 22 号　邮政编码 100037）
策划编辑：汤　攀　责任编辑：汤　攀　刘志刚
责任校对：刘时光　封面设计：张　静
责任印制：邰　敏
北京富资园科技发展有限公司印刷
2024 年 2 月第 1 版第 2 次印刷
184mm×260mm · 13.25 印张 · 328 千字
标准书号：ISBN 978-7-111-66778-0
定价：55.00 元

电话服务　　　　　　　　　网络服务
客服电话：010-88361066　机 工 官 网：www.cmpbook.com
　　　　　010-88379833　机 工 官 博：weibo.com/cmp1952
　　　　　010-68326294　金 书 网：www.golden-book.com
封底无防伪标均为盗版　机工教育服务网：www.cmpedu.com

编写人员名单

组　编

鸿图造价

主　编

杨霖华　赵小云

编　委

何长江　白庆海　张亚新　吴　帆
杨恒博　杨汉青　张仪超

前言
FOREWORD

工程造价专业是在工程管理专业的基础上发展起来的，每个工程从开工到竣工的预算、工程进度拨款及竣工结算都要求有造价员全程参与。从工程投资方和工程承包方到工程造价咨询公司都要有自己的造价人员。

信息技术时代知识的呈现形式是多种多样的，在工程造价行业也是如此，以往枯燥的知识学习方式现在也逐渐朝着生动化、立体化的方向发展。枯燥的识图，一行列不完的计算数字，密密麻麻的图纸和计算，很容易让人没有足够的耐性进而难以坚持看下去；对于一些处于造价入门水平上的造价人员，想要进一步提升自己，更是感到无从下手。论基本知识——都懂，论专业性——大概懂，论专业实战——稍有逊色，即便是从业多年的造价人员，问一个造价上的问题，他们有时候也是含含糊糊，只知道软件就是这么算出来的，智能化的造价软件把造价人员机械化了。如何根据图纸进行详细的工程量计算，是造价人员的基本功和必须掌握的技能，本书即是针对这个问题展开，进行了详细的阐述。

本书充分考虑了当前的大环境，并以现行国家标准《建设工程工程量清单计价规范》（GB 50500）、《通用安装工程工程量计算规范》（GB 50856）以及《河南省通用安装工程预算定额》（HA 02—31）为依据，在全面理解规范和计算规则的前提下，做到内容上从基本知识入手，图文并茂，层次上由浅入深、循序渐进，实训上注重与实例的结合，整体上主次分明，合理布局，力求把知识点简单化、生动化、形象化。

通过对本书的学习，期望可以检验安装工程造价人员对安装工程专业基础知识的掌握情况，提高应用专业技术知识对安装工程进行计量和工程量清单编制的能力，利用计价依据和价格信息对安装工程进行计价的能力，综合运用安装工程造价知识，分析和解决安装工程造价实际问题的职业能力。

本书在编写过程中，得到了许多同行的支持与帮助，在此一并表示感谢。由于编者水平有限和时间紧迫，书中难免有错误和不妥之处，望广大读者批评指正。如有疑问，可发邮件至 zjyjr1503@163.com 或添加 QQ 群 811179070 与编者联系。

目录
CONTENTS

第1章　安装工程造价基础知识

1.1　安装工程概述

1.1.1　安装工程的概念

　　安装工程，是指各种设备、装置的安装工程，其数量又称为安装工作量。通常包括电气、通风、空调、给水排水以及设备安装等工作内容，工业设备及管道等通常也涵盖在安装工程的范围内，安装工程与土建工程的关系十分密切。简单来说安装工程一般是介于土建工程和装潢工程之间的工作。

　　安装工程造价是以根据图纸、定额以及清单规范，计算出工程中所包含的直接费（人工费、材料及设备费、施工机具使用费）、企业管理费、利润、规费及税金等为主要目的。安装工程造价的计算需根据有关部门制定的计算规则和规范计算工程总价。

1.1.2　安装工程的类别

1. 安装工程的三种类别

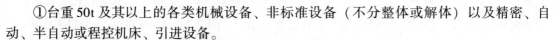

（1）一类。

1）设备安装。

①台重50t及其以上的各类机械设备、非标准设备（不分整体或解体）以及精密、自动、半自动或程控机床、引进设备。

②自动、半自动电梯，输送设备以及起重35t及其以上的起重设备及相应的轨道安装。

③净化、超净、恒温和集中空调设备及其空调系统。

④自动化控制装置、通信交换设备和仪表安装工程。

⑤工业炉窑设备。

⑥热力设备（蒸发量10t/h台以上的锅炉），单台容量3000kW及其以上发电机组及其附属设备。

⑦800kVA及其以上的变电装置。

⑧各种压力容器、油罐、球形罐、气柜的制作和安装。

⑨煤气发生炉、制氧设备、制冷量20万kcal/h及以上的制冷设备、高中压空气压缩机、污水处理设备及其配套的储罐、冷却塔等。

⑩焊口有探伤要求的厂区（室外）工艺管道、热力管网、煤气管网、供水（含循环水）管网工程。

⑪附属于本工程各种设备的配管、电气安装、通风、工艺金属结构及刷油、绝热、防腐

蚀工程。

2）建筑安装。一类建筑工程的附属设备、照明、通风、采暖、给水排水、煤气、消防、安全防范、电话电视及共用天线等工程。

（2）二类。

1）设备安装。

①台重 50t 以下的各类机械设备、非标准设备（不分整体或解体）。

②小型杂物电梯，起重 35t 以下的起重设备及其相应的轨道安装。

③蒸发量 10t/h 台及以下的锅炉安装。

④800kVA 以下的变配电设备。

⑤工艺金属结构，一般容器的制作和安装。

⑥焊口无探伤要求的厂区（室外）工艺管道、热力管网、煤气管网、供水（含循环水）管网工程。

⑦电缆敷设、10kV 以下架空配电线路、有线电视线路工程。

⑧低压空气压缩机、乙炔发生设备，各类泵、供热（换热）装置以及制冷量 20 万 kcal/h 以下的制冷设备。

⑨附属于本工程各种设备的配管、电气安装、通风、工艺金属结构及刷油、绝热、防腐蚀工程。

2）建筑安装。二类建筑工程的附属设备、照明、通风、采暖、给水排水、煤气、消防、安全防范、电话电视及共用天线等工程。

（3）三类。

1）设备安装。除一、二类工程以外均为三类工程。

2）建筑安装。三、四类建筑工程的附属设备、照明、通风、采暖、给水排水、煤气、消防、安全防范、电话电视及共用天线等工程。

2. 安装工程类别的划分说明

（1）单位工程中同时安装两台或两台以上不同类型的设备，均按主体设备执行。

（2）《全国统一安装工程预算定额》第三、四、五、七册执行专业部费用定额。

（3）以上划分标准适用于《关于建设工程间接费定额制定修订工作的几点意见》〔计标（1986）1313 号〕文件规定由各省制定间接费定额的安装工程。

1.2 安装工程造价

1.2.1 安装工程造价组成

1. 建筑安装工程费用项目组成（按费用构成要素划分）

建筑安装工程费按照费用构成要素划分由人工费、材料（包含工程设备，下同）费、施工机具使用费、企业管理费、利润、规费和税金（增值税）组成。其中人工费、材料费、施工机具使用费、企业管理费和利润包含在分部（分项）工程费、措施项目费、其他项目费中。按费用构成要素划分如图 1-1 所示。

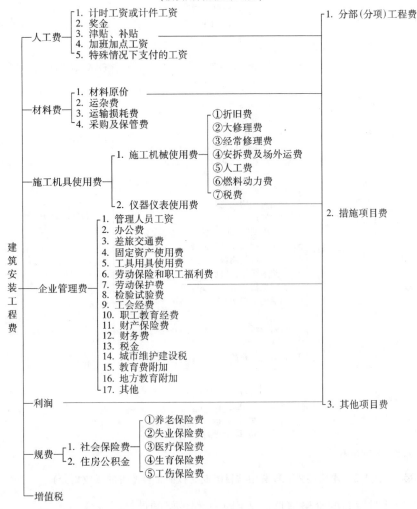

图 1-1　建筑安装工程费用项目组成（按费用构成要素划分）

2. 建筑安装工程费按照工程造价的形成分类

　　建筑安装工程费按照工程造价的形成，由分部（分项）工程费、措施项目费、其他项目费、规费、税金（增值税）组成。分部（分项）工程费、措施项目费、其他项目费包含人工费、材料费、施工机具使用费、企业管理费和利润。建筑安装工程费按照工程造价的形成划分如图 1-2 所示。

1.2.2　安装工程造价计价的依据

　　安装工程造价计价的依据：

　　（1）满足建设项目在不同建设阶段、符合进度要求的设计文件（如初步设计、施工图设计），是工程计量与计价的基础。

　　（2）现行的概预算定额和依据国家计价规定颁布的费用定额，是工程定额的计价基础。

　　（3）由省、自治区、直辖市的工程造价管理机构根据市场价格的变化对人工、材料和施

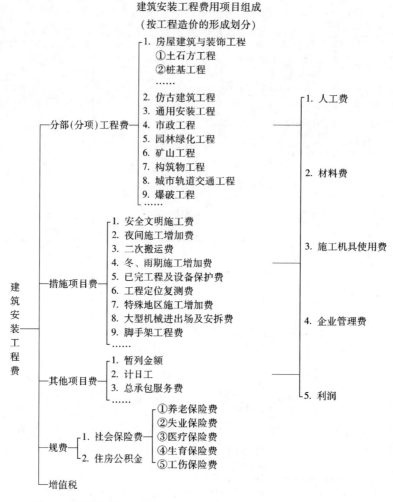

图 1-2　建筑安装工程费用项目组成（按照工程造价的形成划分）

工机械台班单价适时发布的价格信息，适用于工程价格的计算。

（4）由工程造价管理机构发布补充的、行之有效的新材料、新结构、新设备和新工艺的缺项定额，用于填补和适当"套价"，以合理确定此项目的工程价格。

（5）施工企业依据企业自身的技术和管理情况，在国家定额指导下制定本企业定额，以适应现有投标报价的形势需要，增强市场竞争力。

（6）结合工程具体情况编制的施工组织设计或施工方案，其确定的施工方法和组织措施是计算工程量、划分分项工程项目、计取措施费时不可缺少的。

（7）签订的工程承包合同或协议书，其中规定了编制标底价或投标报价时的项目、内容计价方法和要求，在编制施工图预算或工程结算时必须充分考虑。

1.2.3　安装工程造价的计价特征

工程造价的计价特征：

1. 计价的单件性

产品的个体差别决定了每项工程都必须单独计算造价。

2. 计价的多次性

（1）在项目建议书阶段编制项目建议书投资估算。

（2）在可行性研究报告阶段编制可行性研究报告投资估算，其投资估算是决策、筹资和控制造价的主要依据。

（3）在初步设计阶段编制初步设计概算，按两阶段设计的建设项目，概算经批准后是确定建设项目投资的最高限额，是签订建设项目总承包合同的依据。

（4）在技术设计阶段编制技术设计修正概算。

（5）在施工图设计阶段编制施工图预算，施工图预算经批准后，是签订建筑安装工程承包合同，办理工程价款结算的依据。

（6）实行建筑安装工程及设备采购招标的建设项目，一般都要编制标底，而编制标底也是一次计价。

（7）施工单位为参加投标，要根据标书和现场情况编制施工预算，作为本企业的成本价，再根据市场情况编制有竞争性的投标报价。工程竣工并通过验收合格后，建设单位根据各分部（分项）工程的结算价编制的竣工决算才是整个建设项目的实际造价。

3. 计价的组合性

为了适应不同设计阶段编制工程造价的需要，编制施工定额、预算定额、概算定额，工程内容是逐级扩大的估算指标，这几种定额是相互衔接的，其单项定额所综合的。

4. 方法的多样性

工程造价多次性计价有各不相同的计价依据，对造价的精度也各不相同，这就决定了计价方法具有多样性特征。计算概预算造价的方法有单价法和实物法等。计算投资估算的方法有设备系数法和生产能力指数法等。

5. 依据的复杂性

由于影响造价的因素多、计价依据复杂、种类繁多，计价依据主要可以分为以下七类：

（1）计算人工、材料、机械等实物消耗量的依据。包括投资估算指标、概算定额、预算定额。

（2）计算设备和工程量的依据。包括项目建议书、可行性报告、设计文件等。

（3）计算工程单价的价格依据。包括人工单价、材料价格、材料运杂费、机械台班费等。

（4）计算其他直接费、现场经费、间接费和工程建设其他费用的各种费率的依据。

（5）计算设备单价的依据。包括设备原价、设备运杂费。

（6）物价指数和工程造价指数。

（7）法规。

1.2.4 安装工程造价的特点

1. 容易受人为因素的影响

负责安装施工的企业首先要依据设计的指导来进行施工，施工所用的图纸要经过反复审核对比、严格质量检验和不断优化，例如存在设计方面的不合理或者施工所用材料质量不合格等问题，都会对造价的控制产生直接影响，给企业造成不可估量的经济损失。如果企业中有一部分安装工程的设计人员，他们在专业技能和综合素养等方面存在非常大的个体差异，这就使得企业不能很好地保证安装工程造价的质量。

2. 容易受施工方案的影响

科学合理的方案对于工程质量来说是重要保障，如果施工方案有失误或者漏洞，会影响到安装工程的造价控制。如果在工程预算和竣工阶段，施工企业发生过很多次曲解工程量的计算规则，费用标准没有按照安装工程的标准执行，就会增加工程造价。

3. 安装工程造价的复杂性

安装工程施工过程中会发生很多意外情况，例如隐蔽工程、设计方案外工程。对于建设单位来说，不仅要全面检查隐蔽工程，在对其实施前还要让相关的设计、施工和监督部门对隐蔽工程做出会签，确保隐蔽工程的准确性。同时建设单位管理人员需要依据设计方案进行施工，把工程质量作为前提条件，加快工程的施工进程，对安装工程的造价做出科学化管理。

4. 安装工程造价定额发展较慢

现有安装定额落后于建筑领域的发展速度。随着施工机械化水平的提高，设计验收规范更趋合理化、国际化，新材料、新工艺的不断推广应用，已使目前的定额水平与实际情况有差距。

5. 安装工程造价变更多

由于安装工程要与土建工程、装饰工程相配合，而且安装工程有其自身的技术特点和要求，以致在平面的设计图纸上无法完全表达实际施工情况，例如"风管、水管、电气管道"这三个管道在同一空间必须避让，同时这三个管道还要与土建配合，避让梁、柱，与装饰相配合，既不影响技术性能，又要符合装饰尺寸、位置要求，以利美观，这只能在施工中加以变更与完善。

1.2.5 安装工程造价的作用

（1）安装工程造价直接影响到安装企业的经济效益。安装工程造价管理在工程项目管理中占据很重要的位置，直接影响工程的进展，包含招标、安装、施工交付使用和运营等一系列的管理。

（2）安装工程造价控制着安装工程的质量和进度，其专业性和特殊性较强，涉及的范围也较广，包含安装工程的设计、施工组织与技术、材料等方面的相关知识。

（3）投资决策的需要。安装工程造价资料收集的方法是否科学、数据是否准确，决定了工程造价水平测算结果是否准确，直接影响宏观决算。

（4）施工企业经营的需要。工程造价资料是施工企业进行正确经营决策的资本。及时收集整理工程造价资料能使企业了解建筑市场的环境，找出经营中存在的问题，确定自身发展方向。

（5）安装工程造价是咨询单位服务的重要业务。工程造价资料的积累是工程造价咨询单位经验和业绩的积累，只有通过不断积累，才能提供高质量的咨询服务，在社会上树立起企业形象，为社会提供全面准确的咨询服务。

第2章 安装工程识图

2.1 安装工程施工图常用图例

2.1.1 电气施工图常用图例

1. 强电施工图常用图例

强电施工图常用图例详见表 2-1。

表 2-1 强电施工图常用图例

图例	名称	图例	名称
○	变电所	─■∞	风扇
▲	室外箱式变电所	◨◧	暖风机或冷风机
○̶	杆上变电所	⊗	轴流风扇
▭	屏、台、箱、柜的一般符号	⸙	风扇开关
◪	多种电源配电箱（盘）	⌓	电铃
▬	电力配电箱（盘）	⊕	交流电钟
▬	照明配电箱（盘）	⸋	开关
▨	电源切换箱（盘）	⸋	单极开关
⊠	事故照明配电箱（盘）	⸰	暗装单极开关
⊞	组合开关箱	⊖⸋	密闭（防水）单极开关
⊞	电铃操作盘	⸋	防爆单极开关
⊡	吹风机操作盘	⸋	双极开关
Ⓜ	交流电动机	⸰	暗装双极开关
⊠	按钮盒	⊖⸋	密闭（防水）双极开关
⊙⊙	立柱式按钮箱	⸋	防爆双极开关

（续）

	三极开关		吸顶灯
	暗装三极开关		防水吸顶灯
	密闭（防水）三极开关		吸顶灯
	防爆三极开关		花灯
	单极拉线开关		单管荧光灯
	单极限时开关		双管荧光灯
	具有指示灯的开关		三管荧光灯
	双极开关（单极三线）		双管荧光灯自带蓄电池
	调光器		荧光灯花灯组合
	单相插座		嵌入式荧光灯
	暗装单相插座		嵌入式荧光灯自带蓄电池
	密闭（防水）单相插座		防爆型光灯
	防爆单相插座		投光灯
	带接地插孔的暗装单相插座		自带电源事故照明灯
	带接地插孔的密闭（防水）单相插座	E	安全出口指示灯
	带接地插孔的防爆单相插座		单向疏散指示灯
	带接地插孔的三相插座		楼层指示灯
	带接地插孔的暗装三相插座		壁装 LED 灯
	带接地插孔的密闭（防水）三相插座		应急壁灯
	带接地插孔的防爆三相插座		应急灯
	具有单极开关的插座	MEB	总等电位联结箱
	具有隔离变压器的插座	LEB	局部等电位联结箱
	带熔断器的插座		

2. 弱电施工图常用图例

弱电施工图常用图例详见表2-2。

表2-2 弱电施工图常用图例

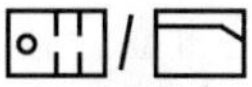 ⊡ / ▭	室外主机/读卡器	 TD	计算机出线口
 EL	电控锁	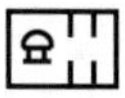	可视室内分机
 ‖	层间分配器	 ✕	壁龛式电话交接箱
 ▪	电源	LIU	光纤互连装置
 ▭	联网器	SW	24 +4G 交换机
 ✕	配电箱/电表箱	HUB	24 口交换机
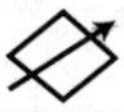 ◇	均衡器	TV	有线电视前端箱
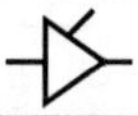 ▷	放大器	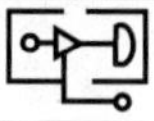	有线电视分配放大器箱
ADD	弱电信息箱	 ✳	串接四分支器
 TO	网络及电话双孔插座	 ✳	串接六分支器
 TP	电话插座	 —▭—	终端负载
 TV	电视插座		

3. 火灾自动报警施工图常用图例

火灾自动报警施工图常用图例详见表2-3。

表2-3 火灾自动报警施工图常用图例

 ⑊	光电感烟探测器	 ◁)	吸顶式音箱带扬声器
 ⑊	差定温感温探测器	 ◁	墙挂式音箱带扬声器
 ⑊	复合式感烟、感温探测器	 ⚠	声光报警器
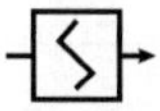 ⊣S⊢	线性光束感烟探测器	 ⊗	火灾重复显示屏
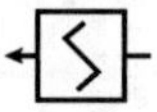 ⊣S⊢	线性光束感烟探测器反射器	 ◺	加压送风口
 Y	火灾报警按钮带电话插孔	LDT	漏电探测器
 ⌂	火警电话分机	 ▷	广播功率放大器
 Ψ	消火栓泵启动按钮	 ◹	水流指示器

（续）

图例	名称	图例	名称
▷◁	信号闸阀	G	广播信号模块
▲◁	湿式报警阀	T	电话模块
F	流量开关	LT	电梯控制柜
I/O	输入输出模块	FS	火警接线箱
I	输入模块	∅	70℃防火阀
O	输出模块	⊘	可燃气体探测器
SI	短路隔离器	∅ 280	常开280℃防火阀
XD	接线端子箱	⊖ 280℃	电动排烟口
M	模块箱		

4. 防雷接地施工图常用图例

防雷接地施工图常用图例详见表2-4。

表2-4 防雷接地施工图常用图例

图例	名称
—	70℃防火阀
—/—	可燃气体探测器
⌐○	常开280℃防火阀
—×—	电动排烟口
—MR—	金属线槽
≡≡≡	托盘式桥架
≡≡≡	T级桥架

5. 电气施工图线路敷设方式常用符号

电气施工图线路敷设方式常用符号详见表2-5。

表2-5 电气施工图线路敷设方式常用符号

符号	说明
SR	沿钢线槽敷设
BE	沿屋架或跨屋架敷设
CLE	沿柱或跨柱敷设
WE	沿墙面敷设
CE	沿天棚面或顶棚面敷设
ACE	在能进入人的吊顶内敷设
BC	暗敷设在梁内

（续）

SR	沿钢线槽敷设
CLC	暗敷设在柱内
WC	暗敷设在墙内
CC	暗敷设在顶棚内
ACC	暗敷设在不能进入的顶棚内
FC	暗敷设在地面内
SCE	吊顶内敷设，要穿金属管

6. 电气施工图导线穿管常用符号

电气施工图导线穿管常用符号详见表 2-6。

表 2-6　电气施工图导线穿管常用符号

SC	焊接钢管
MT	电线管
PC-PVC	塑料硬管
FPC	阻燃塑料硬管
CT	桥架
MR	金属线槽
M	钢索
CP	金属软管
PR	塑料线槽
RC	镀锌钢管

7. 电气施工图导线敷设方式常用符号

电气施工图导线敷设方式常用符号详见表 2-7。

表 2-7　电气施工图导线敷设方式常用符号

DB	直埋
TC	电缆沟
BC	暗敷在梁内
CLC	暗敷在柱内
WC	暗敷在墙内
CE	沿吊顶敷设
CC	暗敷在吊顶内
SCE	吊顶内敷设
F	地板及地坪下
SR	沿钢索
BE	沿屋架，梁
WE	沿墙明敷

2.1.2　给水排水施工图常用图例

1. 给水排水施工图常用图例

给水排水施工图常用图例详见表2-8。

表2-8　给水排水施工图常用图例

—— J ——	生活给水管
—— RJ ——	热水给水管
—— RH ——	热水回水管
—— ZJ ——	中水给水管
—— F ——	废水管
—— YF ——	压力废水管
—— T ——	通气管
—— W ——	污水管
—— YW ——	压力污水管
—— Y ——	雨水管
—— N ——	冷凝水管
保温管	保温管
多孔管	多孔管
防护套管	防护套管
XL-I（平面）　XL-I（系统）	管道立管
套管伸缩器	套管伸缩器
方形伸缩器	方形伸缩器
刚性防水套管	刚性防水套管
柔性防水套管	柔性防水套管
波纹管	波纹管
可曲挠橡胶接头	可曲挠橡胶接头
管道固定支架	管道固定支架
管道滑动支架	管道滑动支架
立管检查口	立管检查口

（续）

平面　系统	清扫口
成品　铅丝球	通气帽
YD-平面　YD-系统	雨水斗
平面　系统	排水漏斗
	圆形地漏
	方形地漏
	自动冲洗水箱
	减压孔板
	Y 形过滤器
平面　系统	毛发聚集器
	防回流污染止回阀
	吸气阀
	法兰连接
	承插连接
	活接头
	管堵
	法兰堵盖
	弯折管
	三通连接
	四通连接
	盲板
	管道丁字形上接
	管道丁字形下接

（续）

	管道交叉
	偏心异径管
	异径管
	喇叭口
	转动接头
	存水弯
	弯头
	正三通
	斜三通
	正四通
	斜四通
	闸阀
	角阀
	三通阀
	四通阀
DN≥50 DN<50	截止阀
	电动阀
	液动阀
	气动阀
	减压阀
平面 系统	旋塞阀
	底阀
	球阀

（续）

图例	名称
	隔膜阀
	气开隔膜阀
	气闭隔膜阀
	温度调节阀
	压力调节阀
	电磁阀
	止回阀
	消声止回阀
	蝶阀
	弹簧安全阀
	平衡锤安全阀
平面　　系统	自动排气阀
平面　　系统	浮球阀
	延时自闭冲洗阀
平面　　系统	吸水喇叭口
	疏水器
	脚踏开关

2. 消火栓施工图常用图例

消火栓施工图常用图例详见表 2-9。

表 2-9　消火栓施工图常用图例

图例	名称
—— XH ——	消火栓给水管
—— ZP ——	自动喷水灭火给水管
	室外消火栓
平面　　系统	室内消火栓（单口）
平面　　系统	室内消火栓（双口）
	水泵接合器
平面　系统	自动喷洒头（开式）
平面　系统	自动喷洒头（闭式）
平面　系统	自动喷洒头（闭式）
平面　系统	自动喷洒头（闭式）
平面　系统	侧墙式自动喷洒头
平面　系统	侧喷式喷洒头
—— YL ——	雨淋灭火给水管
—— SM ——	水幕灭火给水管
—— SP ——	水炮灭火给水管
平面　系统	干式报警阀
	水炮
平面　系统	湿式报警阀
平面　系统	预作用报警阀
	遥控信号阀
	水流指示器

（续）

图例	名称
	水力警铃
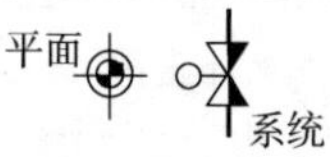 平面　系统	雨淋阀
平面　系统	末端测试阀
 ▲	末端测试阀
 ▲	推车式灭火器

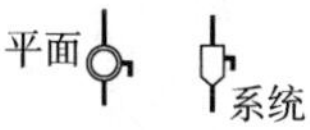

3. 卫生设备常用图例

卫生设备常用图例详见表 2-10。

表 2-10　卫生设备常用图例

图例	名称
	立式洗脸盆
	台式洗脸盆
	挂式洗脸盆
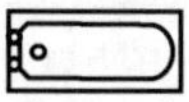	浴盆
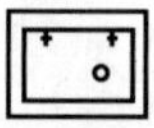	化验盆、洗涤盆
	带沥水板洗涤盆
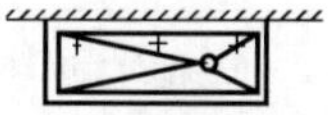	盥洗槽
	污水池
	妇女卫生盆
	立式小便器
	壁挂式小便器
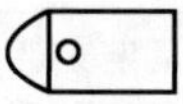	蹲式大便器

（续）

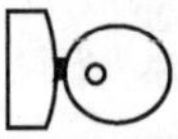	坐式大便器
	小便槽
	淋浴喷头

2.1.3 暖通施工图常用图例

1. 采暖施工图常用图例

采暖施工图常用图例详见表2-11。

表 2-11　采暖施工图常用图例

	供水管、立管
	回水管、立管
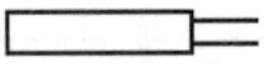	散热器
	锁闭调节阀
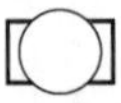	热量计量表
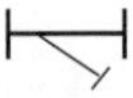	过滤器
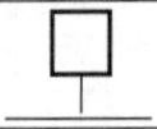	温度计
	压力表
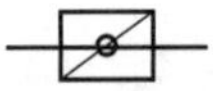	蝶阀
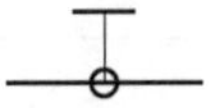	球阀
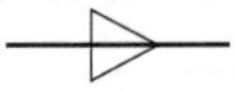	管道变径
	自动排气阀
	截止阀
	锁闭阀
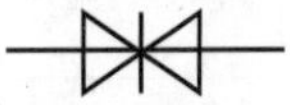	闸阀
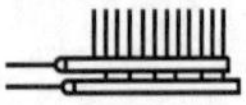	户内集分、水器
	自力式差压控制阀
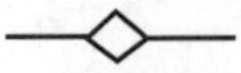	波纹管补偿器
	固定支架

2. 通风施工图常用图例

通风施工图常用图例详见表 2-12。

表 2-12　通风施工图常用图例

×××　×××	矩形风管（宽 × 高）mm
― · ― · ϕ ×××― · ― · ―	圆形风管（ϕ 直径）mm
	风管软接头
NRD　　　NRD	止回风阀
	防火风管（耐火极限 1h） 保温消声内衬风管
	金属软风管
	消声器
	带导流片的矩形弯头
	轴流风机
	轴（混）流式管道风机
	离心式管道风机
	防雨百叶
	多叶调节风阀
NVD	电动多叶调节风阀

2.2　安装工程施工图基本规定

工程施工图是用来表达和交流工程技术思想的重要工具，是工程的"语言"，设计人员用其来表达设计意图；施工人员依据其来进行预制和安装；预算人员依据其来计算工程量，进行工程估价和确定工程造价。因此，作为预算人员，首先要学会阅读施工图，熟练掌握施工图的表达方式和工程内容。

1. 图纸幅面

（1）图纸的幅面及图框尺寸见表 2-13 的规定。

（2）图纸的短边不得加长，长边可加长。

（3）图纸以短边作垂直边的称为横式，以短边作水平边的称为立式。一般 $A_0 \sim A_3$ 图纸宜横式使用，必要时也可立式使用。

表 2-13　图纸幅面及图框尺寸　　　　　　　　　　（单位：mm）

幅面代号 尺寸代号	A_0	A_1	A_2	A_3	A_4
$b \times l$	841×1189	594×841	420×594	297×420	210×297
c		10			5
a			25		

（4）一个专业所用的图纸不宜多于两种幅面，目录及表格所采用的 A_4 幅面可不在此限。

2. 标题栏与会签栏

（1）图纸标题栏、会签栏及装订边的位置应符合下列规定。

1）横式使用的图纸，应按图 2-1a 的形式布置。

2）立式使用的图纸，应按图 2-1b 的形式布置。

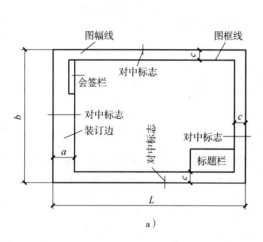

a）　　　　　　　　　　　　　　b）

图 2-1　标题栏与会签栏

a）横式　b）立式

（2）图标长边的长度应为 180mm；短边的长度宜采用 30mm、40mm、50mm。

（3）图标应按图 2-2 的格式分区。

（4）会签栏应按图 2-3 的格式绘制。

3. 图纸编排顺序

（1）工程图纸应按专业顺序编排，一般应为图纸目录、总图及说明、建筑图、结构图、给水排水图、采暖通风图、电气图、动力图、防雷接地图等。以某专业为主体的工程，应突出该专业的图纸。

（2）各专业的图纸应按图纸内容的主次关系系统地排列。

4. 比例

（1）图纸的比例应为图形与实物相对应的线性尺寸之比。比例的大小，是指比值的大小，如 1:50 大于 1:100。

（2）比例应以阿拉伯数字表示，如 1:1、1:2、1:100 等。

（3）比例的字高宜比图名的字高小一号或二号。

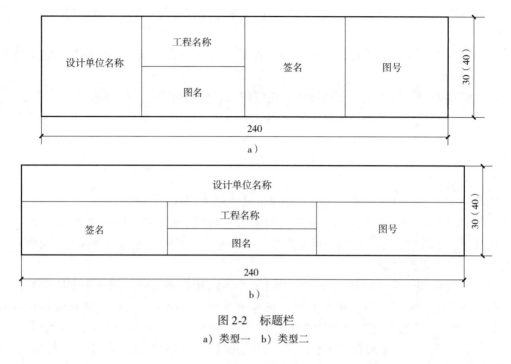

图 2-2　标题栏

a）类型一　b）类型二

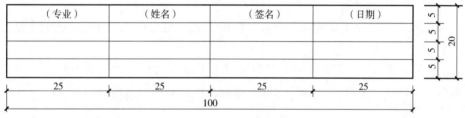

图 2-3　会签栏

（4）绘图所用的比例，应根据图纸的用途与被绘对象的复杂程度，从表 2-14 中选用，并应优先选用表中的常用比例。

（5）一般情况下，一个图纸应选用一种比例。根据专业制图的需要，同一图纸可选用两种比例。

表 2-14　绘图比例

常用比例	1:1、1:2、1:5、1:10、1:20、1:30、1:50、1:100、1:150、1:200、1:500、1:1000、1:2000
可用比例	1:3、1:4、1:6、1:15、1:25、1:40、1:60、1:80、1:250、1:300、1:400、1:600、1:5000、1:10000、1:20000、1:50000、1:100000、1:200000

5. 字体

（1）表示数量的数字应用阿拉伯数字书写；计量单位应符合国家颁布的有关规定，例如三千五百毫米应写成 3500mm，三十五吨应写成 35t，五十千克每立方米应写成 50kg/m³。

（2）表示分数时，不得将数字与文字混合书写。例如四分之三应写成 3/4，不得写成 4 分之 3；百分之三十五应写成 35%，不得写成百分之 35。

（3）不够整数的小数数字，应在小数点前加0定位，例如0.15、0.004等。

6. 标高

（1）总平面图室外整平地面标高符号为涂黑的等腰直角三角形，标高数字注写在符号的右侧、上方或右上方。

（2）标高符号的尖端应指至被标注的高度位置，尖端可向上，也可向下。

（3）低于零点标高的为负标高，标高数字前加"－"号，如－0.450。高于零点标高的为正标高，标高数字前可省略"＋"号，如3.000。

（4）标高的单位：米（m）。

7. 尺寸标注

图纸上的尺寸，包括尺寸界线、尺寸线、尺寸起止符号及尺寸数字。

（1）尺寸界线用细实线绘制，并应由图形的轮廓线、轴线或对称中心线处引出。也可利用轮廓线、轴线或对称中心线作尺寸界线。当表示曲线轮廓上各点的坐标时，可将尺寸线或其延长线作为尺寸界线。

（2）尺寸线用细实线绘制，当尺寸线与尺寸界线相互垂直时，同一张图纸中只能采用一种尺寸线终端的形式。当采用箭头时，在地位不够的情况下，允许用圆点或斜线代替箭头。标注线性尺寸时，尺寸线必须与所标注的线段平行。尺寸线不能用其他图线代替，一般也不得与其他图线重合或画在其延长线上。标注角度时，尺寸线应画成圆弧，其圆心是该角的顶点。

（3）线性尺寸的数字一般应注写在尺寸线的上方，也允许注写在尺寸线的中断处。

方法1：数字应尽可能避免在图示30°范围内标注尺寸。

方法2：对于非水平方向的尺寸，其数字可水平地注写在尺寸线的中断处。角度的数字一律写成水平方向，一般注写在尺寸线的中断处。尺寸数字不可被任何图线所通过，否则必须将该图线断开。

2.3 安装施工图的识读

2.3.1 电气工程施工图的识读

电气工程施工图，是用规定的图形符号和文字符号表示系统的组成及连接方式、装置与线路的具体安装位置和走向的图纸。

电气工程施工图的特点如下：

（1）电气工程施工图大多是采用统一的图形符号并加注文字符号绘制而成的。

（2）电气线路都必须构成闭合回路。

（3）电气工程施工图中设备、器具、元器件之间是通过导线连接起来的，构成一个整体，导线可长可短，能比较方便地表达较远的空间距离。

（4）在进行电气工程施工图识读时应阅读相应的土建工程图及其他安装工程图，以了解相互间的配合关系。

（5）电气设备的形状及外形尺寸在平面图中并不是按比例画出的，通常是用图形符号来表示的，线路的长度则用规定的线路图形符号按比例绘制而成。

（6）电气工程施工图对于设备的安装方法、质量要求以及使用维修方面的技术要求等通常不能完全反映出来，所以在阅读图纸时遇到有关安装方法、技术要求等问题，要参照相关图集和规范。

1. 电气工程施工图的组成

电气工程施工图所涉及的内容通常根据建筑物功能的不同而有所不同，主要有建筑供配电、动力与照明、防雷与接地、建筑弱电等方面，用以表达不同的电气设计内容。

（1）图纸目录与设计说明。包括图纸内容、数量、工程概况、设计依据以及图中未能表达清楚的各有关事项。如供电电源的来源、供电方式、电压等级、线路敷设方式、防雷接地、设备安装高度及安装方式、工程主要技术数据、施工注意事项等。

（2）主要设备材料表。包括工程中所使用的各种设备和材料的名称、型号、规格、数量等，是编制购置设备及材料计划的重要依据之一。

（3）系统图。如变配电工程的供配电系统图、照明工程的照明系统图、电缆电视系统图等。系统图反映了系统的基本组成，以及主要电气设备、元件之间的连接情况以及它们的规格、型号、参数等。

（4）平面布置图。平面布置图是电气施工图中的重要图纸之一，如变、配电所电气设备安装平面图，以及照明平面图、防雷接地平面图等，用来表示电气设备的编号、名称、型号及安装位置、线路的起始点、敷设部位、敷设方式及所用导线型号、规格、根数、管径大小等。通过阅读系统图，了解系统基本组成之后，就可以依据平面图编制工程预算和施工方案，然后组织施工。

（5）控制原理图。包括系统中所用电气设备的电气控制原理，用以指导电气设备的安装和控制系统的调试运行工作。

（6）安装接线图。包括电气设备的布置与接线，应与控制原理图对照阅读，进行系统的配线和调校。

（7）安装大样图（详图）。安装大样图是详细表示电气设备安装方法的图纸，对安装部件的各部位有具体图形和详细尺寸，是进行安装施工和编制工程材料计划时的重要参考。

2. 熟读电气工程施工图

（1）常用的文字符号及图形符号。图纸是工程的"语言"，这种"语言"是采用规定符号的形式表示出来，符号分为文字符号及图形符号。熟悉和掌握"语言"是十分关键的。对了解设计者的意图、掌握安装工程项目、安装技术、施工准备、材料消耗、安装器具、工程质量、编制施工组织设计、工程施工图预算（或投标报价）意义重大。

1）电气工程施工图常用的文字符号（表 2-15）。

常用的文字符号有：

①表示相序的文字符号。

②表示线路敷设方式的文字符号。

③表示敷设部位的文字符号。

④表示器具安装方式的文字符号。

表 2-15 电气工程施工图常用符号

名称	符号	说明
线路敷设方式	SR	用钢线槽敷设
相序	A	A相（第一相）涂黄色
	B	B相（第二相）涂绿色
	C	C相（第三相）涂红色
	N	N相为中性线涂黑色
线路敷设方式	E	明敷
	C	暗敷
	SR	沿钢索敷设
	SC	穿水煤气钢管敷设
	TC	穿电线管敷设
	CP	穿金属软管敷设
	PC	穿硬塑料管敷设
	FPC	穿半硬塑料管敷设
	CT	电缆桥架敷设
敷设方式	F	沿地敷设
	W	沿墙敷设
	B	沿梁敷设
	CE	沿天棚敷设或顶板敷设
	BE	沿屋架或跨越屋架敷设
	CL	沿柱敷设
	CC	暗设天棚或顶板内
	ACC	暗设在不能进入的吊顶内
器具安装方式	CP	线吊式
	CP1	固定线吊式
	CP2	防水线吊式
	Ch	链吊式
	P	管吊式
	W	壁装式
	S	吸顶式或直敷式
	R	嵌入式（嵌入不可进入的顶棚）
	CR	顶棚内安装（嵌入可进入的顶棚）
	WR	墙壁内安装
	SP	支架上安装
	CL	柱上安装
	HM	座装
	T	台上安装

（续）

名称	符号	说明
线路的标注方式	WP	电力（动力回路）线路
	WC	控制回路
	WL	照明回路
	WEL	事故照明回路

2）线路标注的文字符号。

电气工程施工图常用的图形符号见表 2-1、2-2。

（2）读图的原则与方法。

1）读图的原则。对于电气工程施工图而言，一般遵循"六先六后"的原则。即：先强电后弱电、先系统后平面、先动力后照明、先下层后上层、先室内后室外、先简单后复杂。

2）读图的方法如图 2-4 所示。熟悉电气图例符号，弄清图例、符号所代表的内容。

针对一套电气施工图，一般应先按以下顺序阅读，然后再对某部分内容进行重点识读。

①看标题栏及图纸目录了解工程名称、项目内容、设计日期及图纸内容、数量等。

②看设计说明了解工程概况、设计依据等，了解图纸中未能表达清楚的各有关事项。

③看设备材料表了解工程中所使用的设备、材料的型号、规格和数量。

④看系统图了解系统基本组成，主要电气设备、元件之间的连接关系以及它们的规格、型号、参数等，掌握该系统的组成概况。

⑤看平面布置图（如照明平面图、防雷接地平面图）等，了解电气设备的规格、型号、数量及线路的起始点、敷设部位、敷设方式和导线根数等。平面图的阅读可按照以下顺序进行：电源→进线→总配电箱→干线→支线→分配电箱→电气设备。

⑥看控制原理图了解系统中电气设备的电气自动控制原理，以指导设备安装调试工作。

⑦看安装接线图了解电气设备的布置与接线。

⑧看安装大样图了解电气设备的具体安装方法、安装部件的具体尺寸等。

3）读图注意事项。

对于电气工程施工图而言，读图时应注意如下事项：

1）注意阅读设计说明，尤其是施工注意事项及各分部（分项）工程的做法，特别是一些暗设线路、电气设备的基础及各种电气预埋件更是与土建工程密切相关，读图时要结合其他专业图纸阅读。

2）注意系统图与系统图对照看，例如：供配电系统图与电力系统图、照明系统图对照看，核对其对应关系；系统图与平面图对照看，电力系统图与电力平面图对照看，照明系统图与照明平面图对照看，核对有无不对应的错误。看系统的组成与平面对应的位置，以及系统图与平面图线路的敷设方式、线路的型号、规格是否保持一致。

3）注意看平面图的水平位置与其空间位置。

4）注意线路的标注，注意电缆的型号规格，注意导线的根数及线路的敷设方式。

5）注意核对图中标注的比例。

2.3.2 给水排水施工图的识读

1. 给水排水工程施工图的内容

给水排水工程施工图一般由图纸目录、主要设备材料表、设计说明、图例、平面图、系统图（轴测图）、施工详图等组成。

室外小区给水排水工程，根据工程内容还应包括管道断面图、给水排水节点图等。

（1）设计施工说明及主要设备材料表。用工程绘图无法表达清楚的给水、排水、热水供应、雨水系统等管材的防腐、防冻、防露的做法；或难以表达的

诸如管道连接、固定、竣工验收要求、施工中特殊情况技术处理措施，或施工方法要求严格必须遵守的技术规程、规定等，可在图纸中用文字写出设计施工说明。工程选用的主要材料及设备表，应列明材料类别、规格、数量，设备品种、规格和主要尺寸。此外，施工图还应绘出工程图所用图例。

（2）平面布置图。给水、排水平面图主要表达给水、排水管线和设备的平面布置情况。根据建筑规划，在设计图纸中，用水设备的种类、数量、位置，均要作出给水和排水平面布置；各种功能管道、管道附件、卫生器具、用水设备，如消火栓箱、喷头等，均应用各种图例表示；各种横干管、立管、支管的管径、坡度等，均应标出。平面图上管道都用单线绘出，沿墙敷设时不注明管道距墙面的距离。

（3）系统图。系统图，也称"轴测图"，其绘制方法取水平、轴测、垂直方向，完全与平面布置图比例相同。系统图上应标明管道的管径、坡度，标出支管与立管的连接处，以及管道各种附件的安装标高，标高的±0.00应与建筑图一致。系统图上各种立管的编号应与平面布置图相一致。系统图均应按给水、排水、热水等各系统单独绘制，以便于施工安装和概预算应用。

（4）施工详图。凡平面布置图、系统图中局部构造因受图面比例限制而表达不完善或无法表达的，为使施工概预算及施工不出现失误，必须绘出施工详图。通用施工详图系列，如卫生器具安装、排水检查井、雨水检查井、阀门井、水表井、局部污水处理构筑物等，均有各种施工标准图，

施工详图宜首先采用标准图。绘制施工详图的比例以能清楚绘出构造为根据选用。施工详图应尽量详细注明尺寸，不应以比例代替尺寸。

2. 给水排水工程施工图的识读

阅读主要图纸之前，应当先看设计说明和设备材料表，然后以系统图为线索深入阅读平面图、系统图及详图。阅读时，应三种图相互对照来看。先看系统图，对各系统做到大致了解。看给水系统图时，可由建筑的给水引入管开始，沿水流方向经干管、立管、支管到用水设备；看排水系统图时，可由排水设备开始，沿排水方向经支管、横管、立管、干管到排出管。

（1）平面图。室内给水排水管道平面图是施工图纸中最基本和最重要的图纸，常用的比例是1∶100和1∶50两种。主要表明建筑物内给水排水管道及卫生器具和用水设备的平面布置。图上的线条都是示意性的，同时管材配件如活接头、管箍等不画出来，因此在识读图纸时还必须熟悉给水排水管道的施工工艺。在识读管道平面图时，应该掌握的主要内容和注意事项如下：

1）查明卫生器具、用水设备和升压设备的类型、数量、安装位置、定位尺寸。

2）弄清给水引入管和污水排出管的平面位置、走向、定位尺寸、与室外给水排水管网的连接形式、管径及坡度等。

3）查明给水排水干管、立管、支管的平面位置与走向、管径尺寸及立管编号。从平面图上可清楚地查明是明装还是暗装，以确定施工方法。

4）消防给水管道要查明消火栓的布置、口径大小及消防箱的形式与位置。

5）在给水管道上设置水表时，必须查明水表的型号、安装位置以及水表前后阀门的设置情况。

6）对于室内排水管道，还要查明清通设备的布置情况，以及清扫口和检查口的型号和位置。

（2）系统图。给水排水管道系统图主要表明管道系统的立体走向。在给水系统图上，卫生器具不画出来，只需画出水龙头、淋浴器莲蓬头、冲洗水箱等符号；用水设备如锅炉、热交换器、水箱等则画出示意性的立体图，并在旁边以文字说明。在排水系统图上也只画出相应的卫生器具的存水弯或器具排水管。

在识读系统图时，应掌握的主要内容和注意事项如下：

1）查明给水管道系统的具体走向，以及干管的布置方式、管径尺寸及其变化情况，阀门的设置，引入管、干管及各支管的标高。

2）查明排水管道的具体走向、管路分支情况、管径尺寸与横管坡度、管道各部分标高、存水弯的形式、清通设备的设置情况、弯头及三通的选用等。识读排水管道系统图时，一般按卫生器具或排水设备的存水弯、器具排水管、横支管、立管、排出管的顺序进行。

3）系统图上对各楼层标高都有注明，识读时可据此分清管路是属于哪一层的。

（3）施工详图。室内给水排水工程的详图包括节点图、大样图、标准图，主要是管道节点、水表、消火栓、水加热器、开水炉、卫生器具、套管、排水设备、管道支架等的安装图及卫生间大样图等。

这些图都是根据实物用正投影法画出来的，图上都有详细尺寸，可供安装时直接使用。

2.3.3　采暖施工图的识读

1. 采暖工程施工图的内容

采暖工程施工图由设计施工说明、图纸目录、图例及主要设备材料表、平面图、系统图和详图组成。

（1）设计施工说明。室内采暖系统的设计施工说明一般包括以下内容：

1）建筑物的采暖面积、热源的种类、热媒参数、系统总热负荷。

2）采用散热器的型号及安装方式、系统形式。

3）在安装和调整运转时应遵循的标准和规范。

4）在施工图上无法表达的内容，例如管道保温、防腐等。

5）管道连接方式，所采用的管道材料。

6）在施工图上未作表示的管道附件安装情况，如在散热器支管与立管上是否安装阀门等。

7）设备材料表的主要内容有编号、名称、型号、规格、单位、数量、质量、附注等。

8）施工注意事项，施工验收应达到的质量要求。

（2）图纸目录。设计人员绘制部分和所选用的标准图部分。

（3）图例。采暖施工图中的管道及附件、管道连接、阀门、采暖设备及仪表等，采用《暖通空调制图标准》（GB/T 50114—2010）中统一的图例表示，凡在标准图例中未列入的可自设，但在图纸上应专门画出图例，并加以说明。

（4）主要设备材料表。为了便于施工备料，保证安装质量和避免浪费，使施工单位能按设计要求选用设备和材料，一般的施工图均应附有设备及主要材料表，简单项目的设备材料表可列在主要图纸内。设备材料表的主要内容有编号、名称、型号、规格、单位、数量、质量、附注等。

（5）平面图。采暖平面图是表示建筑物各层采暖管道及设备的平面布置，一般有如下内容：

1）建筑的平面布置（各房间分布、门窗和楼梯间位置等）。在图上应注明轴线编号、外墙总长尺寸、地面及楼板标高等与采暖系统施工安装有关的尺寸。

2）散热器的位置（一般用小长方形表示）、片数及安装方式（明装、半暗装或暗装）。

3）干管、立管（平面图上为小圆圈）和支管的水平布置，同时注明干管管径和立管编号。

4）主要设备或管件（如支架、补偿器、膨胀水箱、集气罐等）在平面上的位置。

5）用细虚线画出的采暖地沟、过门地沟的位置。

（6）系统图。系统图又称流程图，也称系统轴测图，与平面图配合，表明了整个采暖系统的全貌。系统图包括水平方向和垂直方向的布置情况。散热器、管道及其附件（阀门、疏水器）均在图上表示出来。此外，还标注各立管编号、各段管径和坡度、散热器片数、干管的标高。

主要包括以下内容：

1）采暖管道的走向、空间位置、坡度，管径及变径的位置，管道与管道之间的连接方式。

2）散热器与管道的连接方式。

3）管路系统中阀门的位置、规格，集气罐的规格、安装形式（立式或卧式）。

4）疏水器、减压阀的位置，其规格及类型。

5）立管编号。

（7）详图。详图是当平面图和系统图表示不够清楚而又无标准图时所绘制的补充说明图。它用局部放大比例来绘制，能表示采暖系统节点与设备的详细构造及安装尺寸要求，包括节点图、大样图和标准图。

1）节点图。能清楚地表示某一部分采暖管道的详细结构和尺寸，但管道仍然用单线条表示，只是将比例放大，使人能看清楚。

2）大样。管道用双线图表示，看上去有真实感。

3）标准图。是具有通用性质的详图，一般由国家或有关部委出版标准"图案"，作为国家标准或部委标准的一部分颁发。

2. 采暖工程施工图的识读

（1）设计施工说明。从文字说明中可以了解以下几方面的内容：

1）散热器的型号。

2）管道的材料及管道的连接方式。

3）管道、支架、设备的刷油和保温做法。

4）施工图中使用的标准图和通用图。

（2）室内采暖施工平面图。采暖平面图是室内采暖系统工程的最基本和最重要的图，它主要表明采暖管道和散热器等的平面布置和平面位置。要注意以下几点：

1）散热器的位置和片数。

2）供、回水干管的布置方式及干管上的阀门、固定支架、伸缩器的平面位置。

3）膨胀水箱、集气罐等设施的位置。

4）管道在哪些地方走地沟。

（3）室内采暖施工系统图。采暖系统图主要表示采暖系统管道在空间的走向，识读采暖管道系统图时，要注意以下几点：

1）弄清采暖管道的来龙去脉，包括管道的空间走向和空间位置，管道直径及管道变径点的位置。

2）管道上阀门的位置、规格。

3）散热器与管道的连接方式。

4）和平面图对照，看哪些管道是明装，哪些管道是暗装。

（4）采暖施工图详图及大样图。在采暖平面图和系统图中表示不清楚又无法用文字说明的地方，一般可用详图表示。采暖系统施工图的详图有：

1）地沟内支架的安装大样图。

2）地沟入口处详图，即热力入口详图。

3）膨胀水箱间安装详图等。

2.3.4　通风空调施工图的识读

1. 通风空调工程施工图的内容

（1）图纸目录。其作用是核对图纸数量，便于识图时查找。

（2）设计施工说明。

（3）通风空调平面图。包括建筑物各层面通风空调系统的平面图、空调机房平面图、制冷机房平面图等。

（4）通风空调系统图。包括系统中设备、配件的型号、尺寸、定位尺寸、数量以及连接于各设备之间的管道在空间的曲折、交叉、走向和尺寸、定位尺寸等，并应注明系统编号。系统图可用单线绘制，也可以用双线绘制。

（5）通风空调系统原理图。

（6）通风空调系统详图。

2. 通风空调工程施工图的识读

通风空调系统施工图有其自身的特点，其复杂性要比给水排水施工图大，识读时要切实掌握各图例的含义，把握风系统与水系统的独立性和完整性。识读时要搞清系统，摸清环路，分系统阅读。

（1）认真阅读图纸目录。

（2）阅读施工说明。根据施工说明了解该工程概况，包括空调系统的形式、划分及主要设备布置等信息，在此基础上，确定哪些图纸是代表该工程的特点、哪些图纸是这些图纸中的典型或重要部分，图纸的阅读就从这些重要图纸开始。

（3）阅读有代表性的图纸。在空调通风施工图中，有代表性的图纸基本上都是反映空调系统布置、空调机房布置、冷冻机房布置的平面图，因此空调通风施工图的阅读基本上是从平面图开始的，先阅读总平面图，然后阅读其他的平面图。

（4）阅读辅助性图纸。对于平面图上没有表达清楚的地方，就要根据平面图上的提示（如剖面位置）和图纸目录找出该平面图的辅助图纸进行阅读，包括立面图、侧立面图等。对于整个系统，可配合系统轴测图阅读。

3. 通风空调施工图的阅读难点

对于初次接触空调施工图的读者，识图的难点在于如何区分送风管与回风管、供水管与回水管。

（1）送风管与回风管的区别。以房间为界，送风管一般将送风口在房间内均匀布置，管路复杂；送风口一般为双层百叶、方形（圆形）散流器、条缝送风口等。回风管一般集中布置，管路相对简单些；回风口一般为单层百叶、单层格栅，较大。

（2）供水管与回水管的区别。一般而言，回水管与水泵相连，经过水泵接至冷水机组，经冷水机组冷却后送至供水管，有一点至为重要，即回水管基本上与膨胀水箱的膨胀管相连；另一方面，空调施工图基本上用粗实线表示供水管，用粗虚线表示回水管。这就更便于区别。

第3章 工程量的计算原理

3.1 工程量计算的依据

1. 施工图纸

经审核的施工设计图纸及设计说明是计算工程量的基础，施工图纸反映工程的构造和各部位尺寸规格，是计算工程量的依据。在取得施工图和设计说明等资料后，必须全面、细致地熟悉和核对有关图纸和资料，检查图纸是否齐全、正确。如果发现图纸有错漏或相互间有矛盾，应及时向设计人员提出修正意见，予以更正。经过审核、修正后的施工图纸才能作为计算工程量的依据。

2. 标准定额、工程量清单计价规范

通用安装工程预算定额系指《×××通用安装工程预算定额》（简称定额）以及该地造价处颁发的有关文件。定额比较详细地规定了各个分部（分项）工程量的计算规则和计算方法。计算工程量时必须严格按照定额中规定的计量单位、计算规则和方法进行，否则，将可能出现计算结果的数据和单位等的不一致。

工程量清单计价规范系指现行的《建设工程工程量清单计价规范》（GB 50500—2013）以及《通用安装工程工程量计算规范》（GB 50856—2013），工程量计算时应按照清单项目特征描述选择对应的项目名称结合相应的计算规则进行计算。

3. 施工方案

计算工程量时，必须参照审定的施工方案进行，计算工程量有时还要结合施工现场的实际情况进行。

3.2 工程量计算的顺序

1. 依据

安装图纸、合同（确定计算范围）、签证变更，以及如何取费、材料价格如何确定。

2. 安装工程工程量计算

（1）电气安装工程。包括：电气照明、电气插座、公共配电、防雷接地系统、弱电系统、火灾自动报警系统。

（2）给水排水安装系统。包括：给水系统、排水系统、采暖系统、消火栓系统、喷淋系统。

（3）通风工程。包括：通风空调系统及防烟排烟系统。

3. 编制说明的编写

4. 工程量清单计价或定额计价

项目——单项工程——单位工程［输入分部（分项）进行计价套用］。

5. 表格输出或预算文件的打印工作。

3.3　工程量计算的原则

工程量是编制施工图预算的基础数据，同时也是施工图预算中最烦琐、最细致的工作。工程量计算的原则为：

1. 按设计图纸计算

计算工程量时，应严格按照图纸所标注的尺寸进行计算，不得任意加大或缩小，任意增加或减少，以免影响工程量计算的准确性。图纸中的项目要认真反复清查，不得漏项和重复计算。核查图纸比例是否符合实际情况。

2. 必须按工程量计算规则进行计算

工程量计算规则是计算和确定各项消耗指标的基本依据，也是工程量计算的准绳。

3. 口径一致

施工图列出的工程项目（工程项目所包括的内容和范围）必须与计量规则中规定的相应工程项目相一致。

4. 列出计算式

在列出计算式时，必须部位清楚，详细列项标出计算式，注明计算结构构件的所处部位和轴线，保留计算书，作为复查的依据。

5. 计算准确

工程量计算的准确将直接影响着工程造价确定的精度，因此，数量计算要准确。一般是按"t"计量的保留三位、自然计量单位的保留整数、其余保留两位。

6. 计量单位一致

工程量的计量单位，必须与计量规则中规定的计量单位相一致，有时由于使用的计量规则不同、所采用的制作方法和施工要求不同，其工程量的计量单位是有区别的，应予以注意。

7. 注意计算顺序

为了计算时不遗漏项目，又不产生重复计算，应按照一定的顺序进行计算。

3.4　工程量计算的方法

对于一般安装工程，确定分部（分项）工程量计算顺序的原则是遵循一定的规律方便计算，不漏项。安装工程工程量计算顺序通常按照以下进行：

（1）给水排水工程。在计算给水排水工程量时，应将给水和排水、地上和地下分别计算。先计算管道的数量，在计算管道工程量时应按照以下顺序：按水流的方向→引入管→主管→干管→支管→水平管→用水卫生洁具。

给水排水工程需要计算的项目有：①给水排水管道；②阀门；③水表；④卫生洁具；

⑤地漏、排水栓、清扫口、阻水圈；⑥管道支架；⑦套管；⑧管道冲洗消毒；⑨防腐、刷油、绝热；⑩土方等。

当在图纸上采用比例尺计算管道长度时，管道的实际长度应乘以比例数，以免混淆发生错误。同时，应随时在图纸上注明已计算的管道和设备，以免漏算和重算。

（2）采暖工程。在计算管道工程量时应分别按不同供水方式先计算供水、回水干管（区分地上地下，区分不同管径），再计算每个立管和水平支管。

采暖工程需要计算的项目有：①供水管道、回水管道；②阀门、补偿器；③散热器；④支吊架制作安装；⑤套管的制作安装；⑥防腐、刷油、绝热；⑦土方；⑧系统调试。

（3）电气安装工程。计算管线时的顺序为：引入线→总配电箱→各单元配电箱→各层配电箱→各个回路。

计算步骤：先算管（槽）后算线（缆），管（槽）不进箱、线（缆）进箱。

需要计算的项目有：①配管；②管内配线；③配电箱；④插座、开关；⑤灯具；⑥电缆敷设；⑦电缆接头；⑧系统调试；⑨避雷网安装；⑩避雷引下线、接地极、接地母线、电阻测试等。

3.5 工程量计算的注意事项

（1）在计算工程量时需按专业分类，并单独计算分部工程量。

1）电气专业中将照明、动力、防雷接地、电话、电视、网络、安防、报警等分别按分部计算汇总。

2）给水排水专业中将泵房、给水、排水、热水、雨水、废水、压力排污、消防等分别按分部计算汇总。

3）室内消防工程因需计取调试费，必须单独分类，不得和给水排水工程混为一体。

（2）注意图纸上没有体现的项目。

1）需单独列项的项目。包括：支架制作安装、电气调整试验、电机接线和调试（补计主材费的干粉灭火器、电焊机等）。

2）不需要单独列项但应按工作内容计算的项目。包括：套管、管道消毒冲洗、水压试验、除锈刷油、保温、端子接线、墙面开槽、打洞、零星土石方、管道碰头等。

（3）注意计算修缮装饰工程中需要配合卫生间烘手器、手纸盒、镜子、肥皂盒等项目。

（4）工程量计算书需按分部、分项、分类、分层或分段标注填写，并将超高、管道井、保温部分单列，以便于编制清单或套定额。

（5）配电箱计算时，把箱内的端子和电缆头直接写在配电箱的下面，组价时便于计算端子数量和附加工程量。

（6）工程量清单套价时，注意不要漏计主体结构调整系数及消火栓管道的调试费、超高费、高层增加费、脚手架搭拆费、工程调试费。

第4章 设备安装工程

4.1 机械设备安装工程

4.1.1 切削设备安装

1. 切削设备的概念

切削设备（机床）是用刀具对金属及木材工件进行切削加工，使之获得预定形状、精度以及表面粗糙度的机械设备。

2. 切削设备的分类

台式及仪表机床、车床、磨床、超声波及电加工机床、立式机床、钻床、镗床、刨床、插床、拉床、其他机床、木工机械、跑车带锯机、其他木工设备等。

3. 切削设备安装计算规则

以"台"为计量单位，按设计图示数量计算。

4. 实训练习

【例4-1】安装1台仪表车床，型号为CJ0626，外形尺寸（长×宽×高）为1500mm×850mm×600mm，单机重0.195t，如图4-1所示，试计算其工程量及综合单价。

图4-1　仪表车床

【解】（1）清单工程量。清单工程量计算规则：按设计图示数量计算，计算单位：台。

仪表车床（0.195t）=1（台）。

【小贴士】式中：工程量计算数据皆根据题示及图示所得。

（2）定额工程量。定额工程量同清单工程量。

【小贴士】工程量计算数据皆根据题示及图示所得。

（3）计价。套用《河南省通用安装工程预算定额》（HA-02-31-2016）中子目1-1-1，见表4-1。

表 4-1　台式及仪表车床　　　　　　　　　　　　（单位：台）

定额编号		1-1-1	1-1-2	1-1-3
项目		设备重量（t 以内）		
		0.3	0.7	1.5
基价/元		518.97	988.28	1833.23
其中	人工费/元	257.74	515.22	1025.26
	材料费/元	21.79	66.22	105.72
	机械使用费/元	89.95	118.14	140.63
	其他措施费/元	11.07	21.39	41.61
	安文费/元	22.94	44.30	86.18
	管理费/元	56.56	109.23	212.49
	利润/元	29.07	56.14	109.21
	规费/元	29.85	57.64	112.13

计价：$1 \times 518.97 = 518.97$（元）。

4.1.2　锻压设备安装

1. 锻压设备的概念

锻压设备是指在锻压加工中用于成形和分离的机械设备。锻压设备主要用于金属成形，又可以称为金属成形机床。锻压设备是通过对金属进行施加压力使之成形的，特点是力大，所以多为重型设备，其上面设置有安全防护装置，以保障设备和人身的安全。

2. 锻压设备的分类

（1）锻压设备的种类有很多，可以分为机械压力机、液压机、自动锻压机及锻造操作机、空气锤、模锻锤、自由锻锤及蒸汽锤、剪切机和弯曲校正机、锻造水压机等安装。

（2）剪切机包括剪板机、联合冲剪机、热锯机、滚板机等。

3. 锻压设备安装计算规则

以"台"为计量单位，按设计图示数量计算。

4.1.3　铸造设备安装

1. 铸造设备的概念

铸造设备就是利用技术将金属熔炼成符合一定要求的液体并且浇进铸型里，经过冷却、凝固、清整处理后得到的有预定形状、尺寸和性能的铸件的机械。另外，也可以把与铸造相关的机械设备都归属铸造设备。

2. 铸造设备的分类

（1）主要有砂型铸造和特种铸造两大类。

（2）安装内容包括砂处理设备、造型及制芯设备、落砂及清理设备、抛丸清理室、金属型铸造设备、材料准备设备、铸铁平台等安装。

3. 铸造设备安装计算规则

以"台"为计量单位，按设计图示数量计算。

4. 注意事项

（1）抛丸清理室以"室"为计量单位，按照设计图示数量计算。设备质量应包括抛丸机、回转台、斗式提升机、螺旋输送机、电动小车等设备以及框架、平台、梯子、栏杆、漏斗、漏管等金属结构件的总质量。

（2）铸铁平台以"t"为计量单位，按设计图示标注的质量计算。

4.1.4 起重设备安装及起重机轨道安装

1. 起重设备的安装

（1）起重设备的概念。起重设备是一种以间歇作业方式对物料进行起升、下降、水平移动的搬运机械，起重设备的作业通常带有重复循环的性质。广泛应用于建筑、铁道、交通、冶金、矿山、机械制造、电力等部门。

在一定程度上增进了自动化的程度，充分提高了工作效率和使用性能，更加使操作简化、省力以及安全可靠。

（2）起重设备的分类。起重设备按结构形式的不同可以分为轻小起重设备、升降机、起重机以及架空单轨系统等。

（3）起重设备安装计算规则。以"台"为计量单位，按设计图示数量计算。

2. 起重机轨道安装

（1）起重机轨道的概念。起重机轨道的安装对起重机运行状况是否良好起到至关重要的作用。因此，必须严格按照有关标准安装起重机轨道。

（2）起重机轨道的使用要求。起重机运行中常见故障是"大车啃轨"，即大车轮缘与轨道侧面产生严重摩擦，致使轮缘很快磨损和变形，同时使轨道头的侧面也产生磨损，严重时可导致其报废。"大车啃轨"的原因有很多，而轨道铺设质量不好，是直接影响大车啃轨的重要原因之一。

（3）起重机轨道安装计算规则。依据设计图示尺寸，以"m"为计量单位，按照单根轨道长度计算。

（4）实训练习。

【例4-2】某混凝土梁上安装双梁桥式起重机轨道（G325），如图4-2所示，采用压板螺栓式，横向孔距为250mm，根据图示信息，试计算其工程量。

【解】（1）清单工程量。清单工程量计算规则：依据设计图示尺寸，以单根轨道长度计算，计算单位：m。

双梁桥式起重机轨道安装的清单工程量 $= 15 \times 3 = 45$（m）。

（2）定额工程量。定额工程量计算规则：起重机轨道安装以单根轨道长度每"10m"为计量单位，按轨道的标准图号、

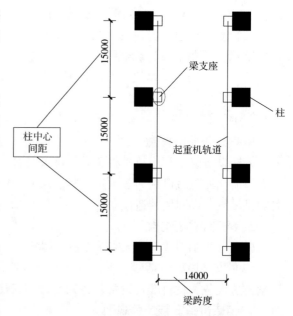

图4-2 某双梁桥式起重机轨道示意图

型号、固定形式和纵、横向孔距安装部位等来分列定额项目。

双梁桥式起重机轨道安装的定额工程量 = 15 × 3 = 45（m）= 4.5（10m）。

【小贴士】式中："15"为柱间距长度（m），"15 × 3 = 4.5（10m）"为单根轨道长度（10m）。

（3）注意事项。子目名称内"A"表示纵向孔距，"B"表示横向孔距，单位均为"mm"，其中混凝土梁上安装轨道【G325】按照固定形式（纵向孔距 A = 600mm）编制，【GB110】鱼腹式混凝土梁上安装轨道按照固定形式（纵向孔距 A = 750mm）编制，【C7221】鱼腹式混凝土梁上安装轨道【C7224】按照固定形式（纵向孔距 A = 600mm）编制，混凝土梁上安装轨道【DJ46】按照固定形式（纵向孔距 A = 600mm）编制。

4.1.5　输送设备安装

1. 输送设备的概念

输送设备是以连续的方式沿着一定的路线从装货点到卸货点输送散装货物和成件货物的机械设备。水平输送机、带式输送机、螺旋输送机如图 4-3 ~ 图 4-5 所示。

2. 输送机的分类

（1）输送机包括有带式输送机、提升输送机、链式输送机、螺旋输送机、振动输送机、悬挂输送机等。

（2）内容包括斗式提升机安装、刮板输送机安装、板（裙）式输送机安装、悬挂输送机安装、固定式胶带输送机安装、螺旋式输送机安装、皮带秤安装。

（3）内容不包括：钢制外壳、刮板、漏斗制作；平台、梯子、栏杆制作；输送带接头的疲劳性试验、振动频率检测试验、滚筒无损检测、安全保护装置灵敏可靠性试验等特殊试验。

图 4-3　水平管链输送机

图 4-4　水平带式输送机

图 4-5　螺旋输送机

3. 输送设备安装计算规则

（1）斗式提升机、板（裙）式输送机、悬挂输送机、固定式胶带输送机、螺旋输送机、卸矿车、皮带秤，以"台"为计量单位，按设计图示数量计算。

（2）刮板输送机，以"组"为计量单位，按设计图示数量计算。

4. 实训练习

【例4-3】某1台刮板输送机如图4-6所示,其中宽度为420mm,输送长度为250m,其中共有4组驱动装置,试计算其工程量及综合单价。

【解】(1)清单工程量。清单工程量计算规则:按设计图示数量计算,计算单位:台。

刮板输送机的清单工程量=1(台)。

【小贴士】式中:刮板输送机工程量计算数据皆根据题示及图示所得。

(2)定额工程量。定额工程量计算规则:刮板输送机以"组"为计量单位,按输送长度除以双驱动装置组数及槽宽分列定额项目。

刮板输送机的定额工程量=250/4=62.5(组)。

图4-6 刮板输送机

选"420mm 宽以内;80m/组以内"的项目;有四组驱动装置,所以刮板输送机的定额费用=4×该子目定额"420mm 宽以内;80m/组以内"的费用=4×29062.03=116248.12(元)。

【小贴士】式中:刮板输送机定额单位是按一组驱动装置计算的。如超过一组时,则将输送长度除以驱动装置组数(即 m/组数),以所得"m/组数"来选用相应的项目,再以组数乘以相应的定额,即得其费用。

【例4-4】某工厂需要在输送机架上安装2台皮带秤,如图4-7所示,其中皮带秤的带宽为800mm,试计算其工程量及综合单价。

【解】(1)清单工程量计算。清单工程量计算规则:按设计图示数量计算,计算单位:台。

皮带秤安装的清单工程量=2(台)。

【小贴士】式中:定额工程量计算数据皆根据题示及图示所得。

图4-7 皮带秤

(2)定额工程量计算。定额工程量计算规则:皮带秤以"台"为计量单位,按宽度分列定额项目。

皮带秤安装的定额工程量=2(台)。

【小贴士】式中:定额工程量计算数据皆根据题示及图示所得。

(3)计价。套用《河南省通用安装工程预算定额》(HA-02-31-2016)中子目1-6-90,见表4-2。

表4-2 皮带秤安装 （单位:台）

定额编号	1-6-89	1-6-90	1-6-91
项目	带宽（mm 以内）		
	650	1000	1400
基价/元	2517.48	3160.04	3821.84

（续）

		1585.72	1970.93	2373.12
	人工费/元	1585.72	1970.93	2373.12
	材料费/元	74.92	89.11	91.63
	机械使用费/元	62.08	107.06	157.74
其中	其他措施费/元	58.88	73.56	88.85
	安文费/元	121.96	152.37	184.05
	管理费/元	300.70	375.68	453.77
	利润/元	154.55	193.09	233.23
	规费/元	158.67	198.24	239.45

计价：$2 \times 3160.04 = 6320.08$（元）。

5. 注意事项

（1）在比较短的水平距离内，提升到较高的位置，通常采用提升输送机，包括斗式提升机、斗式输送机、转斗式输送机、吊斗提升机等。

（2）输送带的黏结方法：①冷接方法；②热接方法。

4.1.6　电梯、风机与泵类安装

1. 电梯

（1）电梯的概念。根据国家标准《电梯、自动扶梯、自动人行道术语》（GB/T 7024—2008）规定的电梯定义：服务于建筑物若干特定的楼层，其轿厢运行在至少两列垂直水平面或与铅垂线倾斜角小于15°的刚性导轨运动的永久运输设备。根据上述定义，人们平时在商场、车站见到的自动扶梯和自动人行道并不能被称为电梯，它们只是垂直运输设备中的一个分支或扩充。

（2）电梯的分类。一些常用的电梯一般有观光电梯、乘客电梯、载货电梯、消防员电梯、液压电梯、自动人行道、自动扶梯、其他电梯等。如图4-8所示为自动扶梯实物图。

（3）电梯安装计算规则。以"部"为计量单位，按设计图示数量计算。

（4）实训练习。

【例4-5】某高档小区共有7栋住宅楼，每栋楼配备两部乘客电梯和两部载货电梯。单个电梯井立面图如图4-9所示，试计算其工程量。

【解】（1）清单工程量。清单工程量计算规则：按设计图示数量计算，计算单位：部。

乘客电梯的工程量 = $2 \times 7 = 14$（部）；载货电梯的工程量 = $2 \times 7 = 14$（部）。

【小贴士】式中："2"为每栋楼配备两部乘客电梯和两部载货电梯的个数，"7"为高档小区共有7栋住宅楼。

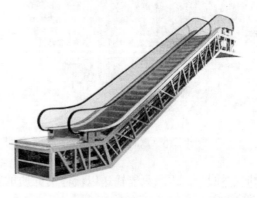

图4-8　自动扶梯实物图

（2）定额工程量。定额工程量计算规则：电梯安装均以"部"为计量单位，按层、站数分列项目。厅门按每层一门、轿厢门按每部一门为准，如需增减时，按增减厅门、轿厢门的相应项目计算；电梯提升高度，以每层 4m 以内为准，超过 4m 时，按增减提升高度相应子目计算。

乘客电梯的工程量 = 2 × 7 = 14（部）；
载货电梯的工程量 = 2 × 7 = 14（部）

【小贴士】式中："2"为每栋楼配备两部乘客电梯和两部载货电梯的个数，"7"为高档小区共有 7 栋住宅楼。

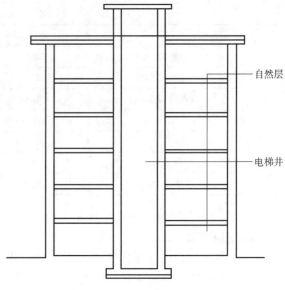

图 4-9　电梯井立面图

（自然层）

（电梯井）

2. 风机

（1）风机的概念。风机是依靠输入的机械能，提高气体压力并排送气体的机械，它是一种"从动"的流体机械。风机是中国对气体压缩和气体输送机械的习惯简称，通常所说的风机包括通风机、鼓风机、风力发电机。

风机广泛应用于工厂、矿井、隧道、冷却塔、车辆、船舶和建筑物的通风、排尘和冷却；锅炉和工业炉窑的通风和引风；空气调节设备和家用电器设备中的冷却和通风；谷物的烘干和选送，风洞风源和气垫船的充气和推进等。

（2）风机的分类。按气体流动的方向分为离心式、轴流式、斜流式（混流式）和横流式风机。

如图 4-10 所示为离心式通风机示意图。

图 4-10　离心式通风机

（3）风机安装计算规则。

1）离心式通风机、离心式引风机、轴流通风机、回转式鼓风机以及离心式鼓风机以"台"为计量单位，按设计图示数量计算。

2）直联式风机的质量包括本体及电机、底座的总质量。

3. 泵类安装

（1）泵的概念。泵是输送流体或使流体增压的机械。它将原动机的机械能或其他外部能量传送给液体，使液体能量增加。泵主要用来输送水、油、酸碱液、乳化液、悬乳液和液态金属等液体，也可输送液、气混合物及含悬浮固体物的液体。

水泵只能输送以流体为介质的物体，不能输送固体。

（2）泵的分类。

1）按工作原理可以分为容积式泵、叶轮式泵。

2）除了按工作原理分类之外，还可以按其他方法分类和命名。例如，按驱动方法可分为电动泵和水轮泵等；按结构可以分为单级泵和多级泵；按用途可以分为锅炉给水泵和计量泵等；按输送液体的性质可以分为水泵、油泵和泥浆泵等。按照有无轴结构，可以分为直线泵和传统泵。

（3）泵类安装计算规则。

1）离心泵以"台"为计量单位，按设计图示数量计算。

2）直联式泵的质量包括本体及电机、底座的总质量；非直联式泵的质量不包括电动机质量。

3）深井泵的质量包括本体、电动机、底座及设备扬水管的总质量。

（4）实训练习。

【例 4-6】某工程需要安装 6 台单级离心泵，模型图如图 4-11 所示，其中设备质量为 2.5t，试计算其工程量以及综合单价。

【解】（1）清单工程量。清单工程量计算规则：按设计图示数量计算，计算单位"台"。

单级离心泵（2.5t）的工程量 =6（台）。

【小贴士】式中：工程量计算数据皆根据题示及图示数量计算。

（2）定额工程量。定额工程量计算规则：按设计图示数量计算，计算单位"台"，以设备重量"t"分列项目。

图 4-11 单级离心泵模型图

单级离心泵（2.5t）安装的工程量 =6（台）。

【小贴士】式中：工程量计算数据皆根据题示及图示数量计算。

（3）计价。套用《河南省通用安装工程预算定额》（HA-02-31-2016）中子目 1-8-4，见表 4-3。

表 4-3 单级离心水泵及离心式耐腐蚀泵 （单位：台）

定额编号		1-8-1	1-8-2	1-8-3	1-8-4	1-8-5	1-8-6
项目		设备重量（t 以内）					
		0.2	0.5	1.0	3.0	5.0	8.0
基价/元		1037.83	1405.48	2277.03	4374.88	5586.28	7915.37
其中	人工费/元	605.77	842.61	1369.71	2649.98	3036.60	4467.71
	材料费/元	73.49	86.34	117.71	183.85	261.18	364.62
	机械使用费/元	50.68	50.68	95.65	197.01	640.00	760.46
	其他措施费/元	22.81	31.55	51.41	99.57	122.12	172.06
	安文费/元	47.25	65.35	106.49	206.25	252.98	356.42
	管理费/元	116.49	161.12	262.56	508.51	623.71	878.74
	利润/元	59.87	82.81	134.95	261.37	320.57	451.66
	规费/元	61.47	85.02	138.55	268.34	329.12	463.70

计价：$6 \times 4374.88 = 26249.28$（元）。

4.1.7 压缩机与工业炉安装

1. 压缩机

（1）压缩机的概念。压缩机是制冷系统的心脏，是一种将低压气体提升为高压气体的从动的流动机械。

各种压缩机都是动力机械，能将气体体积缩小，增高压力，具有一定的动能，可以作为机械动力或者其他用途。

（2）压缩机的分类。

1）压缩机按风机设备安装工程类别分为活塞式压缩机、回转式螺杆压缩机、离心式压缩机（电动机驱动）、直线压缩机等。

2）压缩机按其原理分为容积型压缩机与速度型压缩机。

①容积型压缩机又分为：往复式压缩机、回转式压缩机；速度型压缩机又分为：轴流式压缩机、离心式压缩机和混流式压缩机。

②如今家用冰箱和空调器压缩机都是容积型，其中又可分为往复式和旋转式。往复式压缩机使用的是活塞、曲柄、连杆机构或活塞、曲柄、滑管机构，旋转式使用的多是滚动转子压缩机。在商用空调上，又多是离心式、涡旋式、螺杆式。

3）压缩机按应用范围又可分为低背压式、中背压式、高背压式。

①低背压式（蒸发温度 -35 ~ -15℃），一般用于家用电冰箱、食品冷冻箱等。

②中背压式（蒸发温度 -20 ~ 0℃），一般用于冷饮柜、牛奶冷藏箱等。

③高背压式（蒸发温度 -5 ~ 15℃），一般用于房间空气调节器、除湿机、热泵等。

4）压缩机按气缸的布置方式可以分为 L 形压缩机、W 形压缩机、V 形压缩机、卧式压缩机、立式压缩机、扇形压缩机、M 形压缩机、H 形压缩机。

5）压缩机按压缩次数可以分为单级压缩机、两级压缩机以及多级压缩机。

（3）压缩机安装计算规则。

1）以"台"为计量单位，按设计图示数量计算。

2）解体安装压缩机按压缩机本体、附件、底座及随本体到货附属设备的总重量计算，不包括电动机、汽轮机及其他动力机械的重量。电动机、汽轮机及其他动力机械的安装按相应项目另行计算。

3）DMH 型对称平衡式压缩机包括活塞式 2D（2M）型对称平衡式压缩机、活塞式 4D（4M）型对称平衡式压缩机、活塞式 H 形中间直联同步压缩机的重量，按压缩机本体、随本体到货的附属设备的总重量计算，不包括附属设备的安装，附属设备的安装按相应项目另行计算。

2. 工业炉安装

（1）工业炉的概念。工业炉是在工业生产中，利用燃料燃烧或电能转化的热量，将物料或工件加热的热工设备。广义地说，锅炉也是一种工业炉，但是习惯上人们不把它包括在工业炉范围内。

（2）工业炉的分类。

1）工业炉按供热方式不同分为两类：一是火焰炉，又称燃料炉，用固体、液体或气体燃料在炉内的燃烧热量对工件进行加热；二是电炉，在炉内将电能转化为热量进行加热。

2）工业炉按热工制度不同分为两类：一是间断式炉（又称周期式炉）；二是连续式炉。

3）应用分类：在铸造车间一般有电弧炼钢炉、冲天炉、感应炉、电阻炉、真空炉、加热炉、回火炉、热处理炉等。

（3）工业炉安装计算规则。以"台"为计量单位，按设计图示数量计算。

（4）实训练习。

【例4-7】某铸造工厂需要设置两处加热炉，加热炉模型如图4-12所示，其中加热炉重量为6.0t，试计算其工程量及综合单价。

【解】（1）清单工程量。清单工程量计算规则：按设计图示数量计算，计算单位：台。

加热炉的工程量=2（台）。

【小贴士】式中：工程量计算数据皆根据题示及图示数量计算。

（2）定额工程量。定额工程量计算规则：电弧炼钢炉、电阻炉、真空炉、高频及中频感应炉、加热炉及热处理炉安装以"台"为计量单位，以设备重量"t"选用定额项目。

加热炉的工程量=2（台）。

【小贴士】式中：工程量计算数据皆根据题示及图示数量计算。

图4-12 加热炉模型

（3）计价。套用《河南省通用安装工程预算定额》（HA-02-31-2016）中子目1-10-27，见表4-4。

表4-4 加热炉及热处理炉 （单位：台）

定额编号		-81-10-24	1-10-25	1-10-26	1-10-27	1-10-28	1-10-29
项目		设备重量（t以内）					
		1.0	3.0	5.0	7.0	9.0	12.0
基价/元		3163.39	6646.08	9698.61	13189.18	16002.33	20551.99
其中	人工费/元	1645.56	3274.18	4914.22	6700.69	8251.93	10763.93
	材料费/元	408.29	572.06	721.44	879.27	1045.39	1193.62
	机械使用费/元	213.97	921.61	1264.48	1793.12	2029.00	2531.87
	其他措施费/元	66.34	139.14	207.31	282.70	346.41	449.12
	安文费/元	137.43	288.23	429.45	585.61	717.57	930.35
	管理费/元	338.84	710.62	1058.80	1443.82	1769.16	2293.76
	利润/元	174.16	365.25	544.20	742.09	909.31	1178.95
	规费/元	178.80	374.99	558.71	761.88	933.56	1210.39

计价：$2 \times 13189.18 = 26378.36$（元）。

4.2 热力设备安装工程

4.2.1 中压锅炉

1. 锅炉的概念

锅炉是利用燃料燃烧释放的热能或其他热能，将工质加热到一定参数（温度和压力）的设备。锅炉按其用途不同通常分为动力锅炉和工业锅炉。

中压锅炉是指出口蒸汽压力为（25~50at）的锅炉。大多制成单锅筒水管锅炉的结构形式。主要用于小型火力发电厂，也有用于较大规模的钢铁厂或化工厂等工业部门。

中压锅炉如图 4-13 所示。

2. 锅炉本体结构的组成

（1）锅炉的本体结构由锅筒、水冷壁、省煤器、下降管、过热器及再热器等组成。

（2）中压锅炉的压力范围是 0.8~2.5MPa。

3. 中压锅炉安装计算规则

（1）炉排及燃烧装置区分结构形式、蒸汽出率为"t/h"，按设计图示数量以"套"计算。

（2）旋风分离器（循环流化床锅炉）区分结构类型、直径，按制造厂的设备安装图示质量以"t"计算。

（3）管式空气预热器区分结构形式，按制造厂的设备安装图示质量以"台"计算。

图 4-13　中压锅炉

（4）锅炉架、水冷系统、过热系统、省煤器、本体管路系统、锅炉本体结构、锅炉本体平台扶梯、除渣装置等区分结构形式、蒸汽出率为"t/h"，按制造厂的设备安装图示质量以"t"计算。

4.2.2 汽轮发电机

1. 汽轮发电机的概念

（1）汽轮发电机是指用汽轮机驱动的发电机。由锅炉产生的过热蒸汽进入汽轮机内膨胀做功，使叶片转动而带动发电机发电，做功后的废汽经凝汽器、循环水泵、给水加热装置等送回锅炉循环使用。

（2）转子。励磁电流通过转子线圈产生励磁磁场。

（3）定子。定子线圈中根据电磁理论感生出电流，将机械能转化为电能。

（4）如图 4-14 所示为汽轮发电机的结构和外形。

2. 发电机的分类以及使用要求

（1）发电机的主要冷却部件包括定子绕组、转子绕组、定子铁心。

（2）根据冷却方式的不同，发电机可以分为以下几种，见表 4-5。

图 4-14　汽轮发电机结构和外形

a) 汽轮发电机结构图　b) 汽轮发电机外形图

表 4-5　发电机根据冷却方式不同的划分

冷却方式	定子绕组	转子绕组
空冷	空气冷却	空气冷却
双水内冷	水冷却	水冷却
水氢冷	水冷却	氢气冷却
全氢能	氢气冷却	氢气冷却

（3）汽轮发电机本体安装是按照采用厂房内桥式起重机（电厂未接收的固定资产）施工考虑的，实际施工与其不同时，应根据实际使用的机械台班用量和单价调整安装机械费。

3. 汽轮发电机安装计算规则

（1）以"台"为计量单位，按设计图示数量计算。

（2）汽轮机发电机辅助设备安装和汽轮发电机附属设备安装以"台"为计量单位，按设计图示数量计算。

（3）汽轮发电机组空负荷试运行根据汽轮机型号，以"台"为计量单位，按整套汽轮发电机系统计算。

4. 实训练习

【例 4-8】某汽轮发电机厂家需要安装 2 台 6MW 的背压式汽轮发电机，其外形如图 4-15 所示，试计算其工程量及综合单价。

【解】（1）清单工程量。清单工程量计算规则：按设计图示数量计算，计算单位：台。

背压式汽轮发电机的工程量 = 2（台）。

【小贴士】式中：工程量计算数据皆根据题示及图示数量计算。

（2）定额工程量。定额工程量计算规则：

1）汽轮机本体、发电机本体根据设备性质，以"台"为计量单位按照设计安装数量计算。

2）汽轮机本体管道安装根据汽轮发电机容量与

图 4-15　背压式汽轮发电机外形

本体管道供货重量，以"台"为计量单位，按照汽轮发电机数量计算。

3）汽轮发电机整套空负荷试运行根据汽轮机型号，以"台"为计量单位，按照汽轮发电机数量计算。

背压式汽轮发电机的工程量 = 2（台）。

【小贴士】式中：工程量计算数据皆根据题示及图示数量计算。

（3）计价。套用《河南省通用安装工程预算定额》（HA-02-31-2016）中子目2-3-1，见表4-6。

表4-6　背压式汽轮发电机安装　　　　　　　　（单位：台）

定额编号		2-3-1	2-3-2	2-3-3	2-3-4
项目		单机容量/MW			
		≤6	≤15	≤25	≤35
基价/元		108263.97	159679.80	226948.11	332437.69
其中	人工费/元	55314.56	82052.84	112769.66	165188.27
	材料费/元	6407.22	7812.72	14071.81	20612.61
	机械使用费/元	15878.28	24607.31	38304.30	56107.75
	其他措施费/元	2271.62	3348.99	4578.40	6706.51
	安文费/元	4705.61	6937.35	9484.04	13892.38
	管理费/元	11601.64	17103.96	23382.81	34251.51
	利润/元	5963.01	8791.10	12018.30	17604.60
	规费/元	6122.03	9025.53	12338.79	18074.06

计价：2 × 108263.97 = 216527.94（元）。

4.2.3　卸煤设备

1. 卸煤设备的概念

卸煤设备是指原料煤接收的主要设备，可将到厂的原料煤从车厢中或船舱中卸出。卸煤采用卸车机或卸船机，也就是说卸煤设备是指用来将由铁路、公路或水路运来的煤卸下来的设备。

常用的卸车设备有链斗卸车机、翻车机、螺旋卸车机以及专用车辆底开式漏斗车等卸车设备。螺旋卸车机的螺旋体工作示意图如图4-16所示。

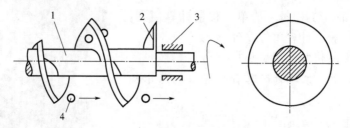

图4-16　螺旋体工作示意图
1—轴　2—螺旋面　3—轴承　4—物料

2. 卸煤设备计算规则

龙门式、桥式抓斗及斗链卸煤机均以"台"为计量单位，按设计图示数量计算。

4.3　静置设备与工艺金属结构制作

4.3.1　静置设备

1. 静置设备的概念

静置设备是根据工艺需要，专门设计制造且未列入国家设备产品目录的设备。静置设备的性能主要是由其功能来决定的，其作用主要有：储存、均压、交换、反应、过滤等。

2. 静置设备的分类

（1）按设备的设计压力（P）分类。

1）超高压容器（代号 U）：设计压力≥100MPa 的压力容器。

2）高压容器（代号 H）：设计压力≥10MPa 且<100MPa 的压力容器。

3）中压容器（代号 M）：设计压力≥1.6MPa 且<10MPa 的压力容器。

4）低压容器（代号 L）：设计压力≥0.1MPa 且<1.6MPa 的压力容器。

注：$P<0$ 时，为真空设备。

（2）按设备在生产工艺过程中的作用原理分类。

1）反应设备（代号 R）：如反应器、反应釜、分解锅、聚合釜、高压釜、合成塔、变换炉、蒸煮锅、蒸球（球形蒸煮器）、磺化锅、煤气发生炉等。

2）换热设备（代号 E）：如管壳式余热锅炉、热交换器、冷却器、冷凝器、蒸发器、加热器、消毒锅、染色器、烘缸、蒸锅、预热锅等。

3）分离设备（代号 S）：如分离器、过滤器、集油器、缓冲器、洗涤器、吸收塔、干燥塔、汽提塔、分汽缸、除氧器等。

4）储存设备（代号 C，其中球罐代号为 B）：如各种形式的贮槽、贮罐等。

（3）按制造设备所需材料分类。

1）按制造设备所需材料分为金属设备和非金属设备两大类。

2）金属设备目前应用较多的是低碳钢和普通低合金钢。在腐蚀严重或产品纯度要求高的场合下使用不锈钢、不锈复合钢板或铝制造设备。在深冷操作中可以使用铜和铜合金。不承压的塔节和容器可以采用铸铁。

3. 静置设备安装计算规则

（1）以"台"为计量单位，按设计图示数量计算。

（2）电除雾器安装计算单位：套。

4.3.2　工业炉

1. 工业炉的概念

工业炉是在工业生产中，利用燃料燃烧或电能转化的热量，将物料或工件加热的热工设备。广义来说，锅炉也是一种工业炉，但是习惯上人们不把其包括在工业炉范围内。

2. 工业炉安装计算规则

以"台"为计量单位，按设计图示数量计算。

3. 可结合本章 4.1.7 的内容学习

4.3.3 金属油罐、球形罐

1. 金属油罐

（1）金属油罐的概念。金属油罐是容量在 $100m^3$ 以上，由罐壁、罐顶、罐底及油罐附件组成的储存原油或其他石油产品的容器。

油罐是炼油和石油化工工业液态碳氢化合物的主要存储设备，主要用于存储油品类液态物质。

（2）金属油罐的分类。一些常用的金属油罐包括拱顶罐、内浮顶罐、低温双臂金属罐、大型金属油罐以及加热器等。如图 4-17 所示为有拱顶罐，图 4-18 所示为内浮顶罐。

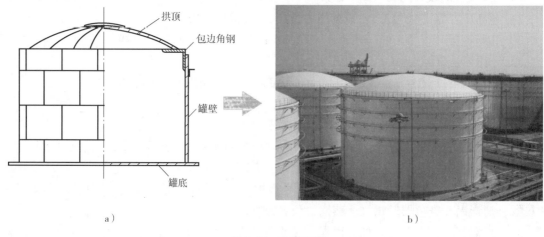

图 4-17　有拱顶罐

a）有拱顶罐结构图　b）有拱顶罐外形图

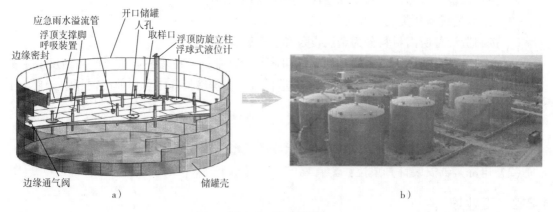

图 4-18　内浮顶罐

a）内浮顶罐结构图　b）内浮顶罐外形图

（3）金属油罐安装计算规则。

1）以"台"为计量单位，按设计图示数量计算。

2）盘管式加热器按设计图示尺寸以长度计算，不扣除管件所占长度；排管式加热器按配管长度范围计算，计算单位：米（m）。

3）罐本体按构造部位几何尺寸的实际展开面积计算，但不扣除罐体上所有开孔所占面积。

2. 球形罐

（1）球形罐的概念。钢制焊接球形储罐（以下简称球形罐或球罐）为球形的承压金属容器，是机电安装工程中的重要对象。球形罐盛装的是压力较高的气体或液化气体，多数是易燃、易爆介质，危险性大。安装施工难度大、质量要求高。

（2）球形罐的构造及形式。球形罐由球形罐本体、支座（或支柱）及附件组成。球形罐本体为球壳板拼焊而成的圆球形容器，为球形罐的承压部分。球形罐的支座常为多根钢管制成的柱式支座，以赤道正切柱式最普遍。球形罐的附件有外部扶梯、阀门、仪表，部分大型球形罐罐内还有内部转梯。

球形罐的形式：球形罐按其本体壳板的分片结构形式可分为橘瓣式、足球式和混合式三种。

如图4-19所示为球形罐构造示意图。

（3）球形罐安装计算规则。

1）以"台"为计量单位，按设计图示数量计算。球形罐组装的质量包括球壳板、支柱、拉杆、短管、加强板的全部质量，不扣除人孔、接管孔洞所占质量。

2）球形罐焊接防护棚制作、安装、拆除，按防护棚的构造形式计算，计算单位：台。

（4）实训练习。

【例4-9】某化工厂需要安装设置两台球形罐，其球形罐成品外形如图4-20

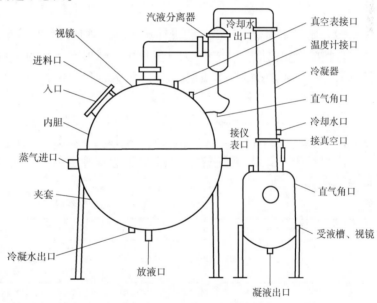

图4-19　球形罐构造示意图

所示，球形罐外形结构如图4-21所示，球板厚度为28mm，单个容积为1500m³，单个质量为185t，焊缝长度为602m，试计算其工程量及综合单价。

【解】（1）清单工程量。清单工程量计算规则：按设计图示数量计算，计算单位：台。球形罐组装的质量包括球壳板、支柱、拉杆、短管、加强板的全部质量，不扣除人孔、接管孔洞面积所占质量。

球板厚度为28mm的球形罐工程量 = 2（台）。

【小贴士】式中：工程量计算数据皆根据题示及图示数量计算。

图 4-20 球形罐成品外形

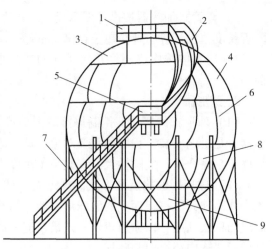

图 4-21 球形罐外形结构示意图
1—顶部平台 2—螺旋盘 3—北极板 4—上温带板
5—中间平台 6—赤道带板 7—支柱
8—下温带板 9—南极板

（2）定额工程量。定额工程量计算规则：球形罐组对安装根据其材质、容量、规格尺寸、球板厚度和质量，以"t"为计量单位。球形罐组装的质量包括球壳板、支柱、拉杆及接管的短管、加强板的全部质量，以"t"为计量单位，不扣除人孔、接管孔洞面积所占质量。罐体上梯子、栏杆、扶手制作安装工程量另行计算。

球板厚度为 28mm 的球形罐工程量 = 2 × 185 = 370（t）。

【小贴士】式中：工程量计算数据皆根据题示及图示数量计算。

（3）计价。套用《河南省通用安装工程预算定额》（HA-02-31-2016）中子目 3-4-57，见表 4-7。

表 4-7 球形罐组装 （单位：t）

定额编号		3-4-54	3-4-55	3-4-56	3-4-57	3-4-58	3-4-59
项目		球罐容量：1500m³					
		16	20	24	28	32	36
基价/元		3114.81	2956.01	2765.90	2645.43	2504.99	2502.28
其中	人工费/元	1184.02	1126.02	1067.78	1017.94	967.06	981.24
	材料费/元	408.17	362.06	330.64	309.80	290.10	280.45
	机械使用费/元	939.06	913.17	843.57	819.16	776.05	765.37
	其他措施费/元	43.23	41.10	38.81	36.93	34.95	35.20
	安文费/元	89.55	85.13	80.40	76.50	72.40	72.93
	管理费/元	220.79	209.89	198.22	188.62	178.50	179.80
	利润/元	113.48	107.88	101.88	96.95	91.74	92.41
	规费/元	116.51	110.76	104.60	99.53	94.19	94.88

计价：2 × 2645.43 = 5290.86（元）。

4.3.4 工艺金属结构制作安装

1. 工艺金属结构制作的概念

工艺金属结构一般指下述三方面的内容。

（1）在工业生产中用来支撑和传递工艺设备、工艺管道以及其他附加应力所引起的静、动荷载，或为了操作方面所设置的辅助设施，如设备框架、支架、管廊柱子、桁架结构、操作平台、梯子等。

（2）服务于工业生产，在现场制作安装的大型的物料储存设备，如金属油罐、钢制球形储罐、气柜、料仓以及料斗等。

（3）排放处理生产废气的大型金属构造物以及相应辅助设施，如火炬、排气筒、烟道、烟囱等。

2. 工艺金属结构件的种类

（1）设备框架、管廊柱子、桁架结构、联合平台。

（2）设备支架、梯子、平台。

（3）漏斗、料仓、烟囱。

（4）火炬及排气筒。火炬及排气筒有塔式、拉线式、自立式三种形式。

3. 工艺金属结构制作安装计算规则

（1）联合平台制作安装，平台制作安装，梯子、栏杆、扶手制作安装，桁架、管廊、设备框架、单梁结构制作安装，设备支架制作安装，漏斗、料仓制作安装均以"t"为计量单位，按设计图示尺寸以质量计算。

（2）烟囱、烟道制作安装，按设计图示尺寸展开面积以质量计算，以"t"为计量单位；不扣除孔洞和切角所占质量。烟囱、烟道的金属质量包括筒体、弯头、异径过渡段、加强圈、人孔、检查孔、清扫孔等全部质量。

（3）火炬及排气筒制作安装，以"座"为计量单位，按设计图示数量计算。火炬、排气筒筒体按设计图示尺寸计算，不扣除孔洞所占面积及配件的质量。

4.4 电气设备安装工程

4.4.1 变压器

1. 变压器的概念

变压器是利用电磁感应的原理来改变交流电压的装置，主要构件是初级线圈、次级线圈和铁芯（磁芯）。变压器三维功能主要有：电压变换、电流变换、阻抗变换、隔离、稳压（磁饱和变压器）等。

变压器实物图如图 4-22、图 4-23 所示。

2. 变压器的主要分类

一般常用的变压器分类如下：

（1）按照相数分类。

1）三相变压器。为了输入不同的电压，输入绕组也可以用多个绕组以适应不同的输入

图 4-22 油浸式变压器   图 4-23 SC（B）干式变压器

电压。同时，为了输出不同的电压也可以使用多个绕组。三个独立的绕组，通过不同的接法（如三角形），使其输入三相交流电源，其输出也是如此，这种变压器称为三相变压器。

2）单相变压器。即一次绕组和二次绕组均为单相绕组的变压器。

（2）按照冷却方式分类。

1）干式变压器。是指铁芯和绕组都不浸入绝缘液体中的变压器。

2）油浸式变压器。是以绝缘油作为其与外壳的地端来绝缘的，也是变压器的液体绝缘介质。绝缘油的作用：一是绝缘，二是散热。

（3）按照用途分类。

1）电力变压器。用于输电系统的升降电压。

2）仪用变压器。如电压互感器、电流互感器、用于测量仪表和继电保护装置。

3）试验变压器。能够生产高压，对电气设备进行高压试验。

4）特种变压器。如电炉变压器、整流变压器、调整变压器等。

（4）按照绕组形式分类。

1）双绕组变压器。用于连接电力系统中的两个电压等级。

2）三绕组变压器。一般用于电力系统区域变电站中，连接三个电压等级。

3）自耦变压器。用于连接不同电压的电力系统，也可以做为普通的升压或者降压变压器用。

（5）按照铁芯形式分类。

1）芯式变压器。用于高压的电力变压器。

2）壳式变压器。用于大电流的特殊变压器，例如电炉变压器、电焊变压器；或者用于电子仪器及电视、收音机等的电源变压器。

3. 消弧线圈

消弧线圈（图 4-24）顾名思义就是灭弧的，是一种带铁芯的电感线圈。其接于变压器（或发电机）的中性点与大地之间，构成消弧线圈接地系统。电力系统输电线路经消弧线圈接地，为小电流接地系统的一种。正常运行时，消弧线圈中无电流通过。而当电网受到雷击或发生单相电弧性接地时，中性点电位将上升到相电压，这时流经消弧线圈的电感性电流与单相接地的电容性故障电流相互抵消，使故障电流得到补偿，补偿后的残余电流变得很小，不足以维持电弧，从而自行熄灭。这样，就可使接地故障迅速消除而不致引起过电压。

4. 变压器安装计算规则

变压器安装以"台"为计量单位，按设计图示数量计算。

4.4.2　配电装置

图 4-24　消弧线圈

1. 配电装置的概念

配电装置是根据电气主接线的接线方式，由开关设备、母线装置、保护和测量电器、必要的辅助设备等构成，按照一定技术要求建造而成的特殊电工建筑物。

2. 配电装置的分类以及使用要求

（1）按照安装位置的不同，配电装置可以分为屋内式配电装置和屋外式配电装置。

（2）按照安装方法的不同，配电装置可以分为装配式配电装置和成套式配电装置。

3. 配电装置安装计算规则

（1）断路器、真空接触器、互感器、油浸电抗器、并联补偿电容器组架、交流滤波装置组架、高压开关柜、组合型成套箱式变电站、环网柜的安装，根据设备容量或重量，以"台"为计量单位，按设计图示数量计算。

（2）隔离开关、负荷开关、高压熔断器、避雷器、干式电抗器的安装，根据设备重量或容量，以"组"为计量单位，按照设计安装数量计算，每三相为一组。

（3）移相及串联电容器、集合式并联电容器以"个"为计量单位，按设计图示数量计算。

4.4.3　母线安装

1. 母线的概念

在发电厂与变电所中各级电压配电装置之间的连接，以及发电机、变压器等电气设备和相应配电装置之间的连接，大部分采用的是矩形或者圆形截面的裸导线（母线），如图 4-25 所示。

2. 母线的作用

（1）汇集电能。

（2）分配电能。

图 4-25　母线安装

（3）传送电能。

3. 母线的分类

母线按照结构分类。

（1）软母线。

（2）硬母线。硬母线又分为矩形母线和管形母线。

4. 母线安装计算规则

（1）软母线、组合软母线、带形母线、槽型母线按设计图示尺寸以单线长度计算（含预留长度）。

（2）共箱母线、低压封闭式插接母线槽以"m"为计量单位，按设计图示尺寸以长度计算。

（3）重型母线以"t"为计量单位，按设计图示尺寸以质量计算。

（4）始端箱、分线箱按设计图示数量计算。

5. 注意事项

（1）软母线安装预留长度按照设计规定计算，设计无规定时按照表4-8规定计算。

表4-8　软母线安装预留长度　　　（单位：m/根）

项目	耐张	跳线	引下线	设备连接线
预留长度	2.5	0.8	0.6	0.6

（2）硬母线安装预留长度按照设计规定计算，设计无规定时按照表4-9规定计算。

表4-9　硬母线安装预留长度　　　（单位：m/根）

序号	项目	预留长度	说明
1	矩形、槽形、管形母线安装	0.3	从最后一个支持点算起
2	矩形、槽形、管形母线与分支线连接	0.5	分支线预留
3	矩形、槽形母线与设备连接	0.5	从设备端子接口算起
4	多片重型母线与设备连接	1	从设备端子接口算起

6. 实训练习

【例4-10】如图4-26所示为变配电工程安装构造图，其中干式变压器的容量为220 kV·A。图4-27为35kV单层单列屋内配电装置出线间隔断面图，采用高压成套配电柜、单母线柜，柜内附真空断路器，试根据图纸信息计算变压器、配电装置室以及穿墙套管的工程量。

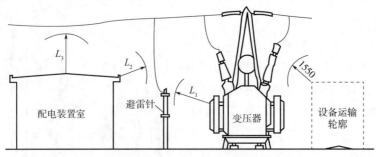

图4-26　变配电工程安装构造图

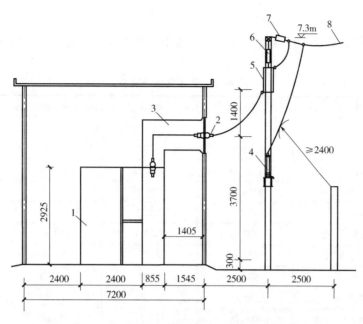

图 4-27 35kV 单层单列屋内配电装置出线间隔断面图
1—开关柜 2—穿墙套管 3—封闭母线桥 4—耦合电容器 5—阻波器
6—悬式绝缘子串 7—耐张绝缘子串 8—钢芯铝绞线

【解】（1）清单工程量。清单工程量计算规则：

1）断路器、真空接触器、互感器、油浸电抗器、并联补偿电容器组架、交流滤波装置组架、高压开关柜、组合型成套箱式变电站、环网柜的安装，根据设备容量或重量，按设计图示数量以"台"为计量单位。

2）隔离开关、负荷开关、高压熔断器、避雷器、干式电抗器的安装，根据设备重量或容量，按照设计安装数量以"组"为计量单位，每三相为一组。

3）移相及串联电容器、集合式并联电容器按设计图示数量计算，以"个"为计量单位。

干式变压器工程量 = 图示工程量 = 1（台）。

高压成套配电柜工程量 = 1（面）。

穿墙套管工程量 = 2（个）。

【小贴士】式中：清单工程量计算数据皆根据题示及图示数量计算。

（2）定额工程量。定额工程量计算规则：

1）三相变压器、单相变压器、消弧线圈安装根据设备容量及结构性能，按照设计安装数量以"台"为计量单位。

2）成套配电柜安装，根据设备功能，按照设计安装数量以"台"为计量单位。

3）穿墙套管安装不分水平、垂直安装，按照设计图示数量以"个"为计量单位。

干式变压器工程量 = 图示工程量 = 1（台）。

高压成套配电柜工程量 = 1（面）。

穿墙套管工程量 = 2（个）。

【小贴士】式中：定额工程量计算数据皆根据题示及图示数量计算。

（3）计价。

1）干式变压器安装工程量套用《河南省通用安装工程预算定额》（HA-02-31-2016）中子目4-1-9，见表4-10。

表4-10　干式变压器安装　　　　　　　　　　（单位：台）

定额编号		4-1-8	4-1-9	4-1-10	4-1-11
项目		容量/（kV·A）			
		≤100	≤250	≤500	≤800
基价/元		2131.49	2238.17	2586.59	4201.96
其中	人工费/元	1154.99	1224.97	1434.24	2329.76
	材料费/元	99.82	100.87	108.68	126.08
	机械使用费/元	268.43	268.43	289.36	529.63
	其他措施费/元	45.06	47.70	55.88	90.12
	安文费/元	93.34	98.81	115.75	186.68
	管理费/元	230.13	243.62	285.39	460.26
	利润/元	118.28	125.22	146.69	236.56
	规费/元	121.44	128.55	150.60	242.87

计价：1×2238.17＝2238.17（元）。

2）高压成套配电柜安装工程量套用《河南省通用安装工程预算定额》（HA-02-31-2016）中子目4-2-61，见表4-11。

表4-11　高压成套配电柜安装　　　　　　　　　（单位：面）

定额编号		4-2-60	4-2-61	4-2-62	4-2-63	4-2-64	4-2-65
项目		单母线柜					
		附油断路器柜	附真空断路器柜	附SF6断路器柜	电压互感器、避雷器柜	电容器柜	其他电气柜
基价/元		3482.19	3201.85	3498.62	1604.28	1462.53	1085.14
其中	人工费/元	2041.52	1854.40	2055.90	863.74	761.76	548.48
	材料费/元	59.44	63.62	63.62	57.92	57.15	53.21
	机械使用费/元	296.39	296.39	286.73	212.20	226.69	177.62
	其他措施费/元	80.37	73.15	80.92	34.85	30.89	22.66
	安文费/元	166.48	151.53	167.63	72.19	63.98	46.93
	管理费/元	410.44	373.60	413.30	177.98	157.74	115.71
	利润/元	210.96	192.02	212.43	91.48	81.08	59.47
	规费/元	216.59	197.14	218.09	93.92	83.24	61.06

计价：1×3201.85＝3201.85（元）。

3）穿墙套管安装工程量套用《河南省通用安装工程预算定额》（HA-02-31-2016）中子目4-3-8，见表4-12。

表 4-12　穿墙套管安装　　　　　　　　（单位：个）

定额编号		4-3-8
项目		穿墙套管
基价/元		76.35
其中	人工费/元	32.10
	材料费/元	16.68
	机械使用费/元	10.43
	其他措施费/元	1.27
	安文费/元	2.63
	管理费/元	6.49
	利润/元	3.33
	规费/元	3.42

计价：$2 \times 76.35 = 152.70$（元）。

4.4.4　电动机

1. 电动机的概念

（1）电动机（又称"马达"）是实现机械能与电能之间转换和电能特性之间变换的机械，或者说是依据电磁感应定律实现电能转换或传递的一种电磁装置。

（2）电有交流和直流两种形式，所以电动机也可以总体分成交流电动机和直流电动机两大类。

2. 施工图识图

电动机结构图及实物图，如图 4-28、图 4-29 所示。

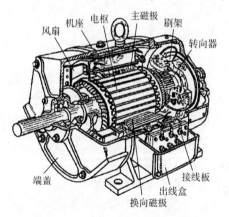

图 4-28　直流电动机结构图

图 4-29　电动机实物图

3. 电动机安装计算规则

（1）发电机、调相机、普通小型直流电动机、可控硅调速直流电动机、普通交流同步电动机、低压交流异步电动机、高压交流异步电动机、交流变频调速电动机、微型电动机及电阻加热器、励磁电阻器以"台"为计量单位，按设计图示数量计算。

（2）电动机组、备用励磁机组以"组"为计量单位，按设计图示数量计算。

4.4.5 电缆安装

1. 电缆的概念

（1）电缆是一种特殊的导线。是由一根或多根相互绝缘的导体和外包密闭的包扎层制成，将电力或者信息从一处传输到另一处。

（2）电缆具有内通电、外绝缘的特征。

2. 电缆的基本结构、分类

（1）如图 4-30 所示为电缆结构的组成图。

（2）电缆的分类。

1）电缆都是由单股或者多股导线和绝缘层组成的，用来连接电路、电器等。

2）按照用途可以分为电力电缆和控制电缆。

3）按照结构的作用可以分为电力电缆、控制电缆、电话电缆、同轴电缆等。

4）按照电压的高低可以分为高压电缆和低压电缆。

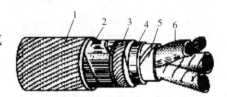

图 4-30　电缆结构的组成图
1—沥青保护层　2—钢带铠装
3—塑料护套　4—铝护层
5—纸包绝缘　6—导体

3. 电缆的型号

电缆的型号由以下 7 个部分组成，如图 4-31 所示。

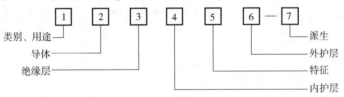

图 4-31　电缆的型号

4. 电缆安装计算规则

（1）电力电缆、控制电缆、电缆保护管、电缆桥架按设计图示长度计算（含预留长度及附加长度）。

（2）电缆支架按设计图示质量计算，电缆防火堵洞分别以"t"和"处"为计量单位，按设计图示数量计算。

（3）电缆防火隔板以"m^2"为计量单位，按设计图示尺寸以面积计算。

（4）电缆防火涂料以"kg"为计量单位，按设计图示尺寸以质量计算。

（5）电缆阻燃槽盒、电缆防护以"m"为计量单位，按设计图示尺寸以长度计算。

5. 实训练习

【例 4-11】某电缆敷设工程如图 4-32 所示，采用电缆沟铺砂盖砖直埋并列敷设 8 根 VV－29（$3 \times 45 + 1 \times 15$）电力电缆，其中电缆截面面积为 120mm²，变电所配电柜至室内部分电缆穿 $\phi40$ 钢管保护，共 8m 长，室外电缆敷设共 120m 长，在配电间有 13m 穿 $\phi40$ 钢管保护，试计算其工程量。

【解】（1）清单工程量。清单工程量计算规则：按设计图示长度计算（含预留长度及附

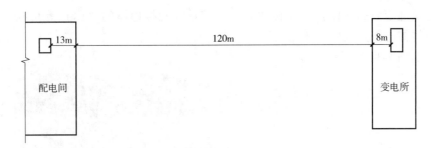

图 4-32 某电缆敷设工程

加长度）。

电缆保护管工程量计算规则：按设计图示尺寸以长度计算。

电缆敷设工程量 = (8 + 120 + 13) ×8 = 1128 (m)。

电缆保护管工程量 = 8 + 13 = 21 (m)。

【小贴士】式中：工程量计算数据皆根据题示及图示数量计算。

（2）定额工程量同清单工程量。

（3）计价。

电缆敷设工程量套用《河南省通用安装工程预算定额》(HA-02-31-2016) 中子目 4-9-129，见表 4-13。

表 4-13 直埋式电力电缆敷设 （单位：10m）

定额编号	4-9-127	4-9-128	4-9-129	4-9-130	4-9-131	4-9-132
项目	电缆截面/mm²					
	≤50	≤70	≤120	≤240	≤300	≤400
基价/元	96.29	103.89	152.43	199.82	222.80	248.78
其中 人工费/元	52.72	56.70	78.95	101.21	113.48	126.66
材料费/元	4.26	5.15	7.25	8.25	8.63	9.02
机械使用费/元	9.13	9.13	19.60	30.02	33.48	38.35
其他措施费/元	2.24	2.44	3.45	4.47	4.98	5.54
安文费/元	4.63	5.05	7.16	9.26	10.30	11.47
管理费/元	11.42	12.45	17.64	22.83	25.43	28.28
利润/元	5.87	6.40	9.07	11.73	13.07	14.54
规费/元	6.02	6.57	9.31	12.05	13.42	14.92

计价：1128/10 × 152.43 = 17194.104 (元)。

4.4.6 防雷及接地装置

1. 防雷及接地装置的概念

防雷及接地分为两个不同的概念，一个是防雷，防止因雷击而造成的损害；另一个是静电接地，防止因静电而产生危害。但是随着储罐阴极保护应用的日益广泛，其保护效果也是受到人们越来越多的关注，防雷接地规范与阴极保护规范的矛盾也是越来越突出。

防雷装置一般是由避雷器（直接或者间接接受雷电的金属杆）、引下线（将雷电流从避雷器传导至接地装置的导体）以及接地装置（接地线和接地体的总称）等组成。如图 4-33 所示，可以将雷电引入大地，从而消除雷电对建筑物的危害。

实物图如图 4-34 所示。

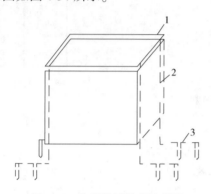

图 4-33　防雷装置组成示意图
1—避雷器　2—引下线　3—接地装置

图 4-34　防雷接地实物图

2. 防雷及接地装置的部分安装以及使用要求

（1）避雷针的安装以及使用要求。

1）避雷针是在打雷天气用来保护建筑物、高大树木等避免雷击的装置。

2）避雷针一般会采用镀锌钢管或者镀锌圆钢制成，长度通常为 1m，圆钢直径不小于 12mm，钢管直径不小于 12mm。但是避雷针的长度在 1~2m 时，圆钢直径不小于 16mm，钢管直径不小于 25mm。烟囱顶上面的避雷针，圆钢直径不能小于 20mm，钢管直径不能小于 40mm。如图 4-35 所示。

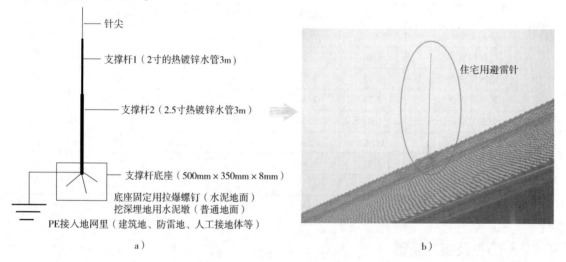

图 4-35　避雷针的安装示意图
a）　避雷针安装构造图　b）避雷针实物图

（2）避雷线的安装。架空避雷线和避雷网采用截面面积不小于 35mm² 镀锌钢绞线，架在架空线路上方，用来保护设备，避免雷击而安装的引雷入地的导线。

（3）避雷网、避雷带的安装。避雷网、避雷带宜采用圆钢和扁钢，但是优先选用圆钢。

避雷带装设在建筑物容易遭雷击的部位，可以采用预埋扁钢和混凝土支座等方法，将避雷带和扁钢支架焊为一体。避雷带和避雷网用于保护顶面面积较大的建筑物。

（4）避雷器的安装。避雷器与被保护设备并联，安装在被保护设备的电源侧。

3. 防雷及接地装置安装计算规则

（1）接地装置以"m"为计量单位，按设计图示尺寸以长度计算。

（2）避雷装置、半导体少长针消雷装置以"套"为计量单位，按设计图示数量计算。

4. 实训练习

【例4-12】某施工平面图如图4-36所示，安装2根针长为10m的钢管避雷针，另外避雷网沿女儿墙敷设，试计算其工程量以及综合单价。

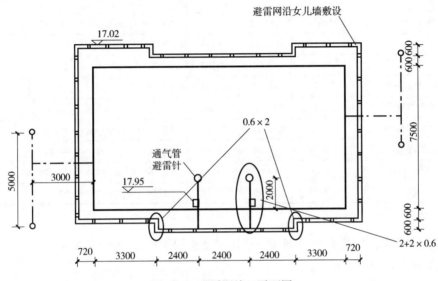

图 4-36 避雷网施工平面图

【解】（1）清单工程量。清单工程量计算规则：

1）接地装置按设计图示尺寸以长度计算，计算单位：m。

2）避雷装置、半导体少长针消雷装置按设计图示数量计算，计算单位：套。

避雷针的工程量 = 2（套）。

【小贴士】式中"2"是图中及题目中避雷针的套数。

（2）定额工程量。定额工程量计算规则：

1）避雷针制作根据材质及针长，按照设计图示安装成品数量以"根"为计量单位。

2）避雷网、接地母线敷设按照设计图示敷设数量以"m"为计量单位。

避雷针的工程量 = 2（根）。

避雷网的工程量 = $(0.72 + 3.3 + 2.4 \times 3 + 3.3 + 0.72) \times 2 + (0.6 \times 3 + 7.5) \times 2 +$
$\qquad (0.6 \times 2 \times 2) + (2 + 2 \times 0.6) \times 2$
$\qquad = 57.88$（m）。

【小贴士】式中"2"是图中及题目中避雷针的根数；"0.72 + 3.3 + 2.4 × 3 + 3.3 + 0.72"是施工平面图中避雷网的一侧长度；"0.6 × 3 + 7.5"是施工平面图中避雷网的一侧宽度；"×2"是一共有2侧相同的长度、宽度；"0.6 × 2 × 2"是施工平面图中小圈出来的长度；"2 + 2 × 0.6"是施工平面图中大圈出来的长度。

（3）计价。

1）避雷针制作工程量套用《河南省通用安装工程预算定额》（HA-02-31-2016）中子目4-10-4，见表4-14。

表4-14 避雷针制作 （单位：根）

定额编号	4-10-1	4-10-2	4-10-3	4-10-4	4-10-5	4-10-6	4-10-7
项目	钢管避雷针						圆钢避雷针
	针长/m						针长/m
	≤2	≤5	≤7	≤10	≤12	≤14	≤2
基价/元	110.21	252.62	280.72	319.55	361.06	414.32	91.65
其中 人工费/元	53.83	135.60	150.09	171.57	194.72	220.04	47.01
材料费/元	22.79	23.69	24.45	24.77	25.50	25.98	19.95
机械使用费/元	4.79	21.33	26.63	31.99	37.29	51.72	—
其他措施费/元	2.13	5.33	5.89	6.76	7.67	8.64	1.83
安文费/元	4.42	11.05	12.21	14.00	15.89	17.89	3.79
管理费/元	10.90	27.24	30.10	34.51	34.51	44.11	9.34
利润/元	5.60	14.00	15.47	17.74	20.14	22.67	4.80
规费/元	5.75	14.38	15.88	18.21	20.67	23.27	4.93

计价：$2 × 319.55 = 639.1$（元）。

2）避雷网安装工程量套用《河南省通用安装工程预算定额》（HA-02-31-2016）中子目4-10-44，见表4-15。

表4-15 避雷网安装 （单位：m）

定额编号	4-10-44	4-10-45	4-10-46	4-10-47
项目	沿混凝土块敷设	沿折板支架敷设	均压环敷设 利用圈梁钢筋	柱主筋与圈梁钢筋焊接（处）
基价/元	17.82	35.55	5.87	51.83
其中 人工费/元	10.75	20.90	3.09	28.32
材料费/元	0.89	2.32	0.50	2.60
机械使用费/元	0.68	1.37	0.91	5.13
其他措施费/元	0.41	0.81	0.21	1.17
安文费/元	0.84	1.68	0.21	2.42
管理费/元	2.08	4.15	0.52	5.97
利润/元	1.07	2.13	0.27	3.07
规费/元	1.10	2.19	0.27	3.15

计价：$57.88 × 17.82 = 1031.422$（元）。

4.4.7 配管配线

配管配线是指从配电控制设备到用电器具的配电线路和控制敷设，分为明配和暗配两种形式。

1. 配管

（1）配管的概念。

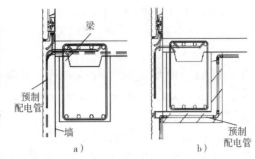

1）配管即线管敷设。配管包括电线管、钢管、软管、塑料管、防爆管、波纹管等。

2）配管是指建筑物施工或者装修时用于辅助电路敷设和对电线的保护。

3）配管按照敷设方式分为明配管和暗配管。明配管可以敷设于墙壁、顶棚的表面以及桁梁、支架等处；暗配管可以敷设于墙壁、顶棚、楼板

图 4-37　配梁外墙结构的预制配电管敷设方式
a）敷设方式一　b）敷设方式二

以及地面等内部。也就是说，明配管就是将线管显露地敷设在建筑物的表面；暗配管就是将线管敷设在现浇混凝土构件内。如图 4-37 所示为配梁外墙结构的预制配电管敷设方式。

（2）配管构造示意图如图 4-38 所示。

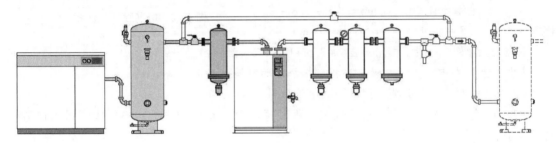

图 4-38　配管构造示意图

（3）配管安装计算规则。

1）电气配管按设计图示尺寸以延长米计算，不扣除管路中间的接线箱、接线盒、灯头盒、开关盒等所占长度。

2）线槽以"m"为计量单位，按设计图示尺寸以延长米计算。

2. 配线

（1）配线的概念。将电缆组合配置成为一个经济合理、符合使用要求的电缆系统或网络的设计技术称为电缆配线，简称为配线，如图 4-39 所示为配线实物图。

（2）配线的使用要求。配线的目的是为了提高通信网的通融性和灵活性，进一步提高芯线的利用率。

（3）配线安装计算规则。

1）电气配线以"m"为计量单位，按设计图示尺寸以单线延长米计算。

图 4-39　配线实物图

2）线槽以"m"为计量单位，按设计图示尺寸以延长米计算。

3. 实训练习

【例4-13】 如图4-40所示为电气照明平面图，MX配电箱有两个出线回路：N_1：BV-2×4-PC15-CC；N_2：BV-3×6-SC20-FC，都属于鼓形绝缘子配线，砖、混凝土结构，并且导线截面面积为$6mm^2$。配管的水平长度详见图示，单位为m。配电箱的规格为"$300mm \times 200mm \times 120mm$"，底边距地1.8m，层高3m。开关距地1.4m，三孔插座距地1.8m，五孔插座距地0.3m。试计算配管配线的工程量并计价。

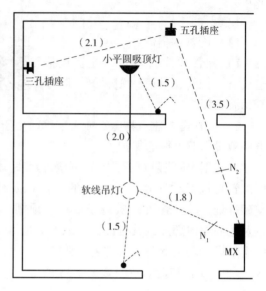

图4-40 电气照明平面图

【解】（1）清单工程量。

清单工程量计算规则：电气配线按设计图示尺寸以单线延长米计算，计算单位：m。

N_1鼓形绝缘子配线工程量 =（3-1.8-0.2）+1.5+1.8+2+1.5+1.6×2=11（m）。

N_2鼓形绝缘子配线工程量 =1.8+3.5+0.3×2+2.1+1.8=9.8（m）。

【小贴士】 式中：工程量计算数据皆根据题示及图示数量计算。

（2）定额工程量。定额工程量同清单工程量。

（3）计价。套用《河南省通用安装工程预算定额》（HA-02-31-2016）中子目4-13-62，见表4-16。

表4-16 鼓形绝缘子配线 （单位：10m）

定额编号		4-13-57	4-13-58	4-13-59	4-13-60	4-13-61	4-13-62
项目		木结构		顶棚内		砖、混凝土结构	
		导线截面面积/mm²					
		≤2.5	≤6	≤2.5	≤6	≤2.5	≤6
基价/元		40.33	45.80	47.40	49.49	95.74	99.31
其中	人工费/元	15.08	18.28	16.29	18.28	49.65	53.45
	材料费/元	17.03	17.92	22.20	21.61	19.35	17.75
	机械使用费/元	—	—	—	—	—	—
	其他措施费/元	0.61	0.71	0.66	0.71	1.98	2.08
	安文费/元	1.26	1.47	1.37	1.47	4.10	4.31
	管理费/元	3.11	3.63	3.37	3.63	10.12	10.64
	利润/元	1.60	1.87	1.73	1.87	5.20	5.47
	规费/元	1.64	1.92	1.78	1.92	5.34	5.61

计价：（11+9.8）×99.31=2065.648（元）。

4.4.8 照明器具安装

1. 照明器具的概念

（1）灯具的概念。灯具是指能透光、分配和改变光源光分布的器具，包括除光源以外所有用于固定和保护光源所需的全部零部件，以及与电源连接所必需的线路附件。

普通灯具包括吸顶灯、软线吊灯、吊链灯、防水吊灯、一般弯脖灯、一般墙壁灯、防水灯以及座灯等。灯具如图 4-41 所示。

（2）高度标志（障碍）灯的概念。障碍灯是指设置在机场及其附近地区的各建筑物、结构物（桥梁、架空线、塔架等）及自然地形制高点处的标志及灯光。

如图 4-42 所示为高度标志（障碍）灯实物图。

图 4-41 灯具

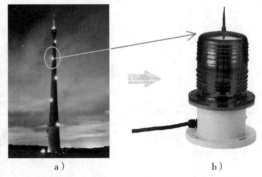

a）   b）

图 4-42 高度标志（障碍）灯实物图

a）航空障碍灯 b）单个障碍灯实物图

2. 照明器具中的电气照明

（1）电气照明是指将电能转变成光能并进行人工照明。

（2）电气照明工程一般是指由电源的进户装置到各照明用电器具以及中间环节的配电装置、配电线路和开关等控制设备的全部电气安装工程。

（3）如图 4-43 所示为某电气照明工程平面图。

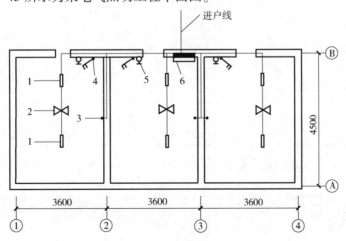

图 4-43 某电气照明工程平面图

1—荧光灯 2—吊扇 3—插座 4—跷板开关 5—吊扇调速器 6—配电箱

3. 照明器具安装计算规则

普通吸顶灯及其他家用灯具、工厂灯、装饰灯、荧光灯、医疗专用灯、一般路灯、广场灯、高杆灯、桥栏杆灯、地道涵洞灯以"套"为计量单位，按设计图示数量计算。

4. 实训练习

【例 4-14】某机场附近有一高档别墅小区共 32 栋，每层别墅小区楼安装 6 套吊式艺术装饰灯具（吊式蜡烛灯），如图 4-44 所示，灯体垂吊长度为 516mm，试计算其工程量。

【解】（1）清单工程量。清单工程量计算规则：普通吸顶灯及其他家用灯具、工厂灯、装饰灯、荧光灯、医疗专用灯、一般路灯、广场灯、高杆灯、桥栏杆灯、地道涵洞灯按设计图示数量计算，以"套"为计量单位。

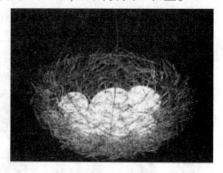

图 4-44 吊式艺术装饰灯具图

吊式艺术装饰灯具工程量 = 32 × 6 = 192（套）。

【小贴士】式中"32"是题目中一共有 32 栋高档别墅小区；"6"是每栋别墅小区安装的 6 个吊式艺术装饰灯具。

（2）定额工程量。定额工程量同清单工程量。

（3）计价。套用《河南省通用安装工程预算定额》（HA-02-31-2016）中子目 4-14-14，见表 4-17。

表 4-17 吊式艺术装饰灯具 （单位：套）

	定额编号	4-14-11	4-14-12	4-14-13	4-14-14	4-14-15	4-14-16
	项目	吊式蜡烛灯（灯体直径/灯体垂吊长度）					
		≤300	≤400	≤500	≤600	≤900	≤1400
		≤500		≤600		≤700	≤1400
	基价/元	554.32	662.46	801.92	925.79	1222.11	1458.30
其中	人工费/元	346.16	416.58	508.04	588.70	777.71	931.61
	材料费/元	24.39	24.39	24.39	24.39	31.58	31.58
	机械使用费/元	—	—	—	—	—	—
	其他措施费/元	13.61	16.41	19.96	23.16	30.58	36.68
	安文费/元	28.20	33.99	41.36	47.99	63.35	75.98
	管理费/元	69.53	83.80	101.96	118.31	156.19	187.32
	利润/元	35.74	43.07	52.41	60.81	80.28	96.28
	规费/元	36.69	44.22	53.80	62.43	82.42	98.85

计价：192 × 925.79 = 177751.68（元）。

第5章 通风空调工程

5.1 通风空调设备及部件制作安装

5.1.1 空气加热器（冷却器）

1. 空气加热器的分类

空气加热器主要是对气体流进行加热的电加热设备。加热器内腔设有多个折流板（导流板），引导气体流向，延长气体在内腔的滞留时间，从而使气体充分均匀地加热，提高热交换效率。空气加热器的加热元件——不锈钢加热管，是在无缝钢管内装入电热丝、在空隙部分填满具有良好导热性和绝缘性的氧化镁粉后缩管而成。当电流通过高温电阻丝时，产生的热通过结晶氧化镁粉向加热管表面扩散，再传递到被加热空气中去，以达到加热的目的。

空气加热器是由金属制成的，分为光管式空气加热器和肋片管式空气加热器两大类。

（1）光管式空气加热器。光管式空气加热器由联箱（较粗的管子）和焊接在联箱间的钢管组成，一般在现场按标准图加工制作。这种加热器的特点是加热面积小，金属消耗多，但表面光滑，易于清灰，不易堵塞，空气阻力小，易于加工，适用于灰尘较大的场合。

（2）肋片管式空气加热器。肋片管式空气加热器根据外肋片加工的方法不同而分为套片式、绕片式、镶片式和轧片式。其结构材料有钢管钢片、钢管铝片和铜管铜片等。

2. 空气加热器的安装

（1）空气加热器一般安装在通风室内。加热器底座用角钢焊成或用砖砌成，砌筑时注意要便于供水管（蒸汽管道）和回水管的安装。

（2）安装时，螺栓连接加热器和预先加工好的角钢框，垫以3mm厚的石棉板，保持严密；加热器连同角钢框与支架连接，角钢框与墙上的预埋角钢采用焊接连接。注意角钢框与混凝土之间的缝隙用砂浆填塞、抹平。

（3）安装后，应用水平尺校正、找平。如果表面式热交换器用于冷却空气时，应按设计要求，在下部设置滴水盘和排水管。各加热器之间的缝隙采用薄钢板加石棉板通过螺栓连接。表面式热交换器与围护结构的缝隙，以及表面式热交换器之间的缝隙，应用耐热材料堵严。

3. 空气加热器（冷却器）计算规则

按设计图示数量计算。

4. 实训练习

【例5-1】如图5-1所示为光管空气加热器（冷却器）示意图，已知空气加热器为

150kg，试计算其工程量，并对其计价。

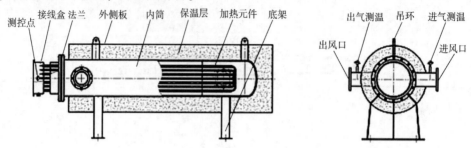

图 5-1　光管空气加热器（冷却器）示意图

【解】（1）清单工程量。清单工程量计算规则：以"台"为计量单位，按设计图示数量计算。

光管空气加热器（冷却器）工程量 = 1（台）。

【小贴士】式中："1"为 1 台空气加热器（冷却器）。

（2）定额工程量。定额工程量同清单工程量。

（3）计价。套用《河南省通用安装工程预算定额》（HA-02-31-2016）中子目 7-1-2，见表 5-1。

表 5-1　空气加热器（冷却器）　　　（单位：台）

定额编号		7-1-1	7-1-2	7-1-3
项目		空气加热器（冷却器）安装		
		≤100kg	≤200kg	≤400kg
基价/元		254.18	325.93	416.08
其中	人工费/元	117.63	135.76	160.08
	材料费/元	53.85	68.59	111.70
	机械使用费/元	10.02	33.13	40.75
	其他措施费/元	5.38	6.55	7.67
	安文费/元	11.15	13.57	15.89
	管理费/元	27.50	33.47	39.18
	利润/元	14.14	17.20	20.14
	规费/元	14.51	17.66	20.67

计价：$1 \times 325.93 = 325.93$（元）。

5.1.2　除尘设备

1. 除尘设备的分类

（1）机械力除尘设备，包括重力除尘设备、惯性除尘设备、离心除尘设备等。

（2）洗涤式除尘设备，包括水浴式除尘设备、泡沫式除尘设备、文丘里管除尘设备、水膜式除尘设备等。

（3）过滤式除尘设备，包括布袋除尘设备和颗粒层除尘设备等。

（4）静电除尘设备。

（5）磁力除尘设备。

2. 除尘设备计算规则

以"台"为计量单位，按设计图示数量计算。

3. 实训练习

【例 5-2】某项目安装洗车台，洗车台如图 5-2 所示，试计算其工程量。

图 5-2　洗车台

【解】（1）清单工程量。清单工程量计算规则：以"台"为计量单位，按设计图示数量计算。

工洗车台工程量 = 1（台）。

【小贴士】式中："1"为 1 台除尘设备洗车台。

（2）定额工程量。定额工程量同清单工程量。

5.1.3　空调器

1. 工作原理

压缩机将制冷剂压缩成高压高温气体后送入冷凝器，在其中冷凝成液体同时向室外散热，然后经干燥过滤器和毛细管（或膨胀阀）进入蒸发器，在其中蒸发吸热，转变为过热蒸汽，再被压缩机吸入进行压缩。制冷循环是指制冷剂在室内蒸发吸热，在室外冷凝放热从而降低室内温度的循环。制热循环是通过四通换向阀改变制冷剂的流动方向，使制冷剂在室外蒸发吸热，在室内冷凝散热，从而提高室内温度的循环。如采用电热型空调器，则在冬天制热时，直接用电热器加热空气。

2. 空调器计算规则

（1）整体式空调组机、空调器安装（"一拖一"分体式空调以室内机、室外机之和）按设计图示数量计算，以"台"为计量单位。

（2）组合式空调机组安装依据风量，按设计图示数量计算，以"台"为计量单位。

（3）多联体空调机室外机安装依据制冷量，按设计图示数量计算，以"台"为计量单位。

3. 实训练习

【例 5-3】某房屋装修安装组合式空调机，空调安装示意图如图 5-3 所示，试计算其工程量。

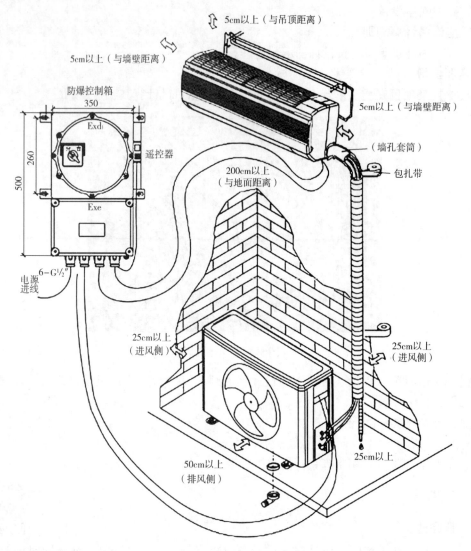

图 5-3　空调安装示意图

【解】（1）清单工程量。清单工程量计算规则：以"台"为计量单位，按设计图示数量计算。

组合式空调机工程量 =1（台）。

【小贴士】式中："1"为1台空调器。

（2）定额工程量。定额工程量同清单工程量。

5.1.4　风机盘管

1. 风机盘管分类及使用特点

风机盘管分类及使用特点，见表5-2。

2. 风机盘管计算规则

风机盘管暗装按设计图示数量计算，以"台"为计量单位。

表 5-2　风机盘管分类及使用特点

分类	形式		使用特点
按结构形式分	卧式		布置于房间的上部空间，节省室内占地面积，适用于宾馆、办公楼病房等建筑
	立式	柱式	柱式落地靠墙布置于室内，低矮式布置于玻璃外墙内侧或室内窗台前。出风口向前或向上，两者均省去吊顶，不占用层高，但占用室内使用面积
		低矮式	
	卡式	二出风	布置于房间的吊顶下，可与吊顶装饰面相协调。节省室内使用空间，适用于办公楼、商业建筑等
		四出风	
	壁挂式		节省占地面积，节约吊顶装饰费用，安装维修方便
	地板式		安装于架空地板内，将传统的上送风方式改变为下送风，达到快速制冷、快速制暖效果
按安装形式分	明装		安装和维修方便，但进、出风机盘管的水管在室内可以看见，影响室内美观
	暗装		不影响室内的装饰效果，但安装和维修工作量大
按进水方位分	左式		面对机组出风口，供、回水管在左侧，用于从左边接入供、回水管道的设备
	右式		面对机组出风口，供、回水管在右侧，用于从右边接入供、回水管道的设备
按接管数量分	二管制		风机盘管只有一组盘管，一进一回共 2 根水管，夏季管道内流经的是冷陈水，冬季管道内流经的是热水。整个区域在同一时刻只能供冷或供热
	三管制		除凝结水管外，与风机盘管连接的水管为 3 根，2 根为供水管（其中 1 根供冷水，1 根供热水），1 根为回水管。供水管进口设电动阀，可根据室内的需要供应冷水或热水，但系统共用回水管，造成回水冷热水混合而引起较大的热损失，所以现在较少使用
	四管制		风机盘管同时装有冷盘管和热盘管。每组盘管一进一回，共 4 根，所以称为四管制。两组水管分别接入冷水和热水，一年四季不管什么时候，制冷制热都可以随时切换，可以实现在一些房间供热的同时，另一些房间供冷，适用于同一时刻对冷热温度控制要求不同的场所
按机组静压大小分	标准型		用于风机盘管出风口不接风管或所接风管长度小于 1m 的场所
	高静压型		用于风机盘管出风口所接风管长度超过 1m 的场所

3. 实训练习

【例 5-4】某工程室内安装风机盘管，风机盘管为吊顶式，安装示意图如图 5-4 所示，试求其工程量并对其计价。

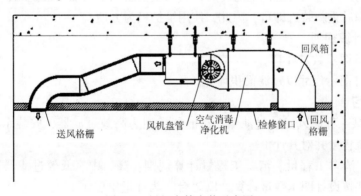

送风格栅　　风机盘管　空气消毒净化机　检修窗口　回风格栅　回风箱

图 5-4　风机盘管安装示意图

【解】（1）清单工程量。清单工程量计算规则：风机盘管安装按设计图示数量计算，以"台"为计量单位。

风机盘管工程量 = 1（台）。

【小贴士】式中"1"为1台风机盘管。

（2）定额工程量。定额工程量同清单工程量。

（3）计价。套用《河南省通用安装工程预算定额》（HA-02-31-2016）中子目7-1-31，见表5-3。

表5-3 风机盘管 （单位：台）

定额编号		7-1-30	7-1-31	7-1-32	7-1-33
项目		风机盘管安装			
		落地式	吊顶式	壁挂式	卡式嵌入式
基价/元		160.80	386.24	210.91	411.36
其中	人工费/元	74.06	199.75	107.94	220.05
	材料费/元	29.36	51.35	26.36	50.25
	机械使用费/元	11.45	17.19	11.45	11.45
	其他措施费/元	3.40	8.74	4.83	9.60
	安文费/元	7.05	18.10	10.00	19.89
	管理费/元	17.38	44.62	24.65	49.04
	利润/元	8.93	22.94	12.67	25.20
	规费/元	9.17	23.55	13.01	25.88

风机盘管组价：$1 \times 386.24 = 386.24$（元）。

5.1.5 过滤器

1. 过滤器的概念

过滤器是输送介质管道上不可缺少的一种装置，通常安装在减压阀、泄压阀、定水位阀和其他设备的进口端。过滤器由筒体、不锈钢滤网、排污部分、传动装置及电气控制部分组成。待处理的水经过过滤器滤网的滤筒后，其杂质被阻挡，当需要清洗时，只要将可拆卸的滤筒取出，处理后重新装入即可，因此，使用维护极为方便。

2. 过滤器计算规则

（1）按设计图示数量计算。

（2）按设计图示尺寸以过滤面积计算。

3. 实训练习

【例5-5】某工程通风安装过滤器，过滤器类型为高效过滤器，安装示意图如图5-5所示，试计算其工程量并对其计价。

【解】（1）清单工程量。清单工程量计算规则：高、中、低效过滤器安装、净化工作台、风淋室安装按设计图示数量计算，以"台"为计量单位。

过滤器工程量 = 1（台）。

【小贴士】式中"1"为1台过滤器。

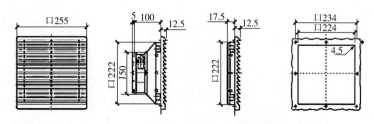

图 5-5　过滤器安装示意图

（2）定额工程量。定额工程量同清单工程量。

（3）计价。套用《河南省通用安装工程预算定额》（HA-02-31-2016）中子目 7-1-49，见表 5-4 所示。

表 5-4　过滤器 （单位：台）

定额编号	7-1-49	7-1-50	7-1-51
项目	高效过滤器安装	中、低效过滤器安装	过滤器框架（100kg）
基价/元	100.14	22.76	1957.11
其中 人工费/元	58.63	9.35	656.38
材料费/元	7.91	7.91	906.33
机械使用费/元	—	—	17.93
其他措施费/元	2.49	0.41	27.89
安文费/元	5.16	0.84	57.77
管理费/元	12.71	2.08	142.44
利润/元	6.53	1.07	73.21
规费/元	6.71	1.10	75.16

计价：$1 \times 100.14 = 100.14$（元）。

5.1.6　净化工作台

1. 净化工作台分类

净化工作台一般按气流组织和排风方式来分类。

（1）按气流组织，工作台可分为垂直单向流和水平单向流两大类。水平单向流净化工作台根据气流的特点，对于小物件操作较为理想；而垂直单向流净化工作台则适合操作较大物件。

（2）按排风方式，工作台可分为无排风的全循环式、全排风的直流式、台面前部排风至室外式、台面上排风至室外式等。无排风的全循环式净化工作台，适用于工艺不产生或极少产生污染的场合；全排风的直流式净化工作台，是采用全新风，适用于工艺产生较多污染的场合；台面前部排风至室外式净化工作台，其特点为排风量大于或等于送风量，台面前部约 100mm 的范围内设有排风孔眼，"吸入"台内排出的有害气体，不使有害气体外逸；台面上排风至室外式净化工作台，其特点是排风量小于送风量，台面上全排风。

2. 净化工作台图例

净化工作台构造示意图如图 5-6 所示。

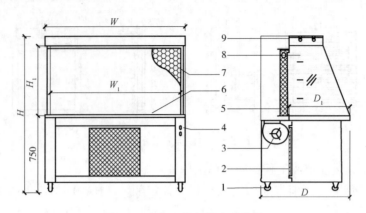

图 5-6　净化工作台构造示意图

1—带刹脚轮　2—初效过滤器　3—离心风机　4—控制开关　5—高效过滤器
6—不锈钢台面　7—网孔散流板　8—玻璃　9—日光灯

3. 净化工作台计算规则

按设计图示数量计算。

4. 实训练习

【例5-6】如图5-7所示，图中有一台 SW-CJ-1D 单人单面净化工作台，试计算其工程量。

【解】（1）清单工程量。清单工程量计算规则：按设计图示数量计算。

净化工作台工程量为1（台）。

【小贴士】式中"1"为1台净化工作台。

（2）定额工程量。定额工程量同清单工程量。

（3）计价。套用《河南省通用安装工程预算定额》（HA-02-31-2016）中子目7-1-52，见表5-5。

图 5-7　单人单面净化工作台

表 5-5　净化工作台　　　　　　　　　　　　　　　　（单位：台）

定额编号		7-1-52	7-1-53	7-1-54	7-1-55	7-1-56
项目		净化工作台安装	风淋室安装质量/t			
			≤0.5	≤1.0	≤2.0	≤3.0
基价/元		330.40	1726.06	2453.16	3940.81	4394.11
其中	人工费/元	173.56	970.25	1427.66	2290.13	2562.59
	材料费/元	27.21	174.71	174.71	288.99	288.99
	机械使用费/元	18.54	18.54	27.24	40.98	61.34
	其他措施费/元	8.23	41.45	61.01	97.84	109.73
	安文费/元	17.05	85.87	126.38	202.67	227.30
	管理费/元	42.03	211.71	311.59	499.69	560.40
	利润/元	21.60	108.81	160.15	256.83	288.04
	规费/元	22.18	111.72	164.42	263.68	295.72

组价：$1 \times 330.40 = 330.40$（元）。

5.1.7　除湿机

1. 除湿机的组成

除湿机一般由干燥料筒、冷却器、再生加热器、再生过滤器、除湿加热器，以及其他零部件组成，如图 5-8 所示。

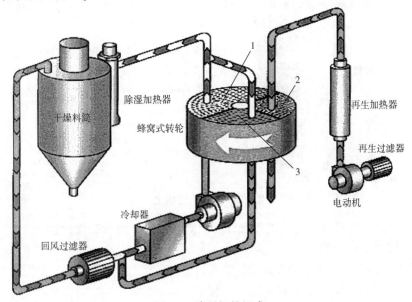

图 5-8　除湿机的组成
1—除湿区　2—再生区　3—冷却区

2. 除湿机的种类

除湿机的种类见表 5-6。

表 5-6　除湿机的种类

序号	类别	说明
1	冷却除湿机	1. 按使用功能划分，可分为一般型、降温型、调温型、多功能型 2. 按有无带风机划分，可分为常规型、风道型 3. 按结构形式划分，可分为整体式、分体式、整体移动式 4. 按适用温度范围划分，可分为 A 型（普通型）、B 型（低温型） 5. 按送回风方式划分，可分为"前回前送带风帽型""后回上送型"等 6. 按控制形式划分，可分为自动型和非自动型等 7. 按特殊使用情况划分，还有全新风型、防爆型等
2	转轮除湿机	转轮除湿机的主体结构为一个不断转动的蜂窝状干燥转轮。干燥转轮是除湿机中吸附水分的关键部件，其是由特殊复合耐热材料制成的波纹状介质所构成。波纹状介质中载有吸湿剂。这种设计结构紧凑，而且可以为湿空气与吸湿介质提供充分接触的表面积，从而提高了除湿机的除湿效率
3	溶液除湿机	溶液除湿机是基于以除湿溶液为吸湿剂调节空气湿度，以水为制冷剂调节空气温度的主动除湿空气处理技术而开发的可以提供全新风运行工况的新型产品；其核心是利用除湿剂物理特性，通过溶液除湿与再生的方法，实现在露点温度之上高效除湿。其具有制造简单、运行可靠、节能高效等技术特点。主要由四个基本模块组成，分别是送风（新风和回风）模块、湿度调节模块、温度调节模块和溶液再生器模块

3. 除湿机计算规则

按设计图示数量计算。

4. 实训练习

【例5-7】一台除湿机，实物图如图5-9所示，试计算其工程量。

产品参数

除湿量	26L/d（30℃，80%RH）
银离子滤网	有
电源	220V/50Hz
水箱容量	40L
功率	420W
使用参考面积	15~55m²
使用环境温度	5~35℃
净重	16.2kg
运转噪声	41dB

图5-9　除湿机实物图

【解】（1）清单工程量。清单工程量计算规则：按设计图示数量计算。

除湿机工程量=1（台）。

【小贴士】式中"1"为1台除湿机。

（2）定额工程量。定额工程量同清单工程量。

5.2　通风管道制作安装

5.2.1　碳钢通风管道

1. 风管制作

（1）由于风管规格多、工程量大，为了节约成本，提高工作效率，不仅要对图纸进行仔细、完全的消化，而且在购料前还要考虑材料的合理利用。为此，采用定尺购料，以减少边角余料。

（2）定尺板料完成后，便可进行风管的成型制作。先将板料在咬口机上折边，然后再画线进行折方，最后合缝成型。风管壁厚小于1.2mm、截面长边尺寸小于1.5m的，均采用一条合缝，联合角咬口。单节风管在上法兰之前，必须检查截面尺寸，防止风管的扭曲，以及组对后风管的整体扭曲。风管法兰之间的连接，对于镀锌板风管，采用翻边铆接。

（3）风管的翻边宽度应为6~9mm，不允许超过连接螺栓孔，铆钉必须用镀锌铆钉，铆钉间距为100~150mm，风管法兰应保证平行，且垂直风管的轴线，风管翻边应平整，有裂缝的地方应涂密封胶。

（4）为避免矩形风管变形和减少系统运行时管壁振动而产生噪声，需对风管进行加固，当矩形风管长边≥630mm时、保温风管长边≥800mm时、风管长度>1200mm时，均应采取加固措施，用扁钢、角钢进行加固，以保证风管壁的强度。

2. 碳钢通风管道计算规则

按设计图示尺寸以展开面积计算。

3. 实训练习

【例 5-8】 一根直径为 0.8m 的碳钢通风管道, 示意图如图 5-10 所示, 碳钢厚度为 5mm, 连接方式为焊接, 试计算该管道的工程量。

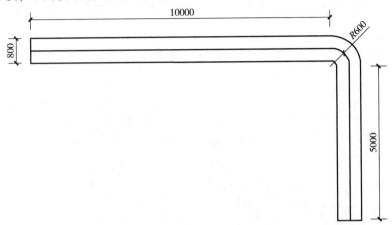

图 5-10   碳钢通风管道示意图

【解】（1）清单工程量。清单工程量计算规则：按设计图示尺寸以展开面积计算。

$L = 10 + 3.14 \times 1.2/4 + 5 = 15.942$（m），

$S = 3.14 \times 0.8 \times 15.942 = 40.046$（m²）。

碳钢通风管道工程量 = 40.046m²。

【小贴士】 式中 "$10 + 3.14 \times 1.2/4 + 5$" 为管道中心线长度, "$3.14 \times 0.8 \times 15.942$" 为管道工程量。

（2）定额工程量。定额工程量同清单工程量。

5.2.2   净化通风管

1. 风管制作

（1）下料。风管在展开下料过程中, 尽量节省材料、减少板材切口和咬口, 要进行合理排板。板料拼接时, 不论咬接或焊接, 均不得有十字交叉缝。空气净化系统风管制作时, 板材应减少拼接。矩形底边宽度 ≤ 900mm 时, 不得有接拼缝；当宽度 > 900mm 时, 减少纵向拼接缝, 不得有横向拼接缝。板材加工前应除尽表面油污和积尘, 清洗时要用中性洗涤剂。

（2）风管的闭合成型与接缝。制作风管时, 是否采用咬接或焊接取决于板材的厚度及材质。在可能的情况下, 应尽量采用咬接。因为咬接的口缝可以增加风管的强度, 其变形小、外形美观。风管采用焊接的特点是严密性好, 但焊后通常容易变形, 焊缝处容易锈蚀或氧化。大于 1.2mm 厚的普通钢板接缝采用电焊；大于 2mm 接缝时可采用气焊。

（3）风管的加固。

1）圆形风管（不包括螺旋风管）直径大于或等于 800mm, 且其管段长度大于 1250mm 或总表面积大于 4m² 时, 均应采取加固措施。

2）矩形风管边长大于630mm、保温风管边长大于800mm、管段长度大于1250mm或低压风管单边平面面积大于1.2m²、中（高）压风管单边平面面积大于1.0m²时，均应采取加固措施。

3）非规则椭圆风管的加固，应参照矩形风管执行。

2. 净化通风管计算规则

按设计图示尺寸以展开面积计算。

3. 实训练习

【例5-9】如图5-11所示为某工程安装净化通风管道示意图，试计算其工程量。

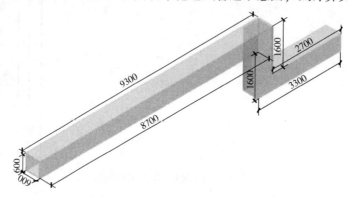

图5-11　净化通风管道示意图

【解】（1）清单工程量。清单工程量计算规则：按设计图示尺寸以展开面积计算。

$S = 9.3 \times 0.6 + 8.7 \times 0.6 \times 3 + 1.6 \times 0.6 \times 2 + 2.2 \times 0.6 \times 2 + 2.7 \times 0.6 \times 3 + 3.3 \times 0.6$
$= 32.64 \ （m^2）$。

【小贴士】式中"$9.3 \times 0.6 + 8.7 \times 0.6 \times 3 + 1.6 \times 0.6 \times 2 + 2.2 \times 0.6 \times 2 + 2.7 \times 0.6 \times 3 + 3.3 \times 0.6$"为净化管道展开面积。

（2）定额工程量。定额工程量同清单工程量。

5.2.3　不锈钢板通风管道

1. 概念

不锈钢板主要用于食品、医药、化工、电子仪表专业的工业通风系统和有较高净化要求的送风系统。

不锈钢板用热轧或冷轧方法制成，冷轧钢板的厚度尺寸为0.54mm。

高、中、低压系统不锈钢板风管板材厚度见表5-7。

表5-7　高、中、低压系统不锈钢板风管板材厚度　　　　　　　（单位：mm）

风管直径 D 或长边 b	$D（b）\leqslant 500$	$500 < D（b）\leqslant 1120$	$1120 < D（b）\leqslant 2000$	$2000 < D（b）\leqslant 4000$
不锈钢板厚度	0.5	0.75	1.0	1.2

2. 不锈钢板通风管道计算规则

按设计图示尺寸以展开面积计算。

3. 实训练习

【例5-10】计算如图5-12所示不锈钢板风管"正插三通"的工程量。

【解】（1）清单工程量。清单工程量计算规则：按设计图示尺寸以展开面积计算。

$S = 3.14 \times 0.8 \times 2 + 3.14 \times 0.3 \times 1 = 5.96$（m²）。

【小贴士】式中"$3.14 \times 0.8 \times 2$"为粗管展开面积，"$3.14 \times 0.3 \times 1$"为细管展开面积。

（2）定额工程量。定额工程量同清单工程量。

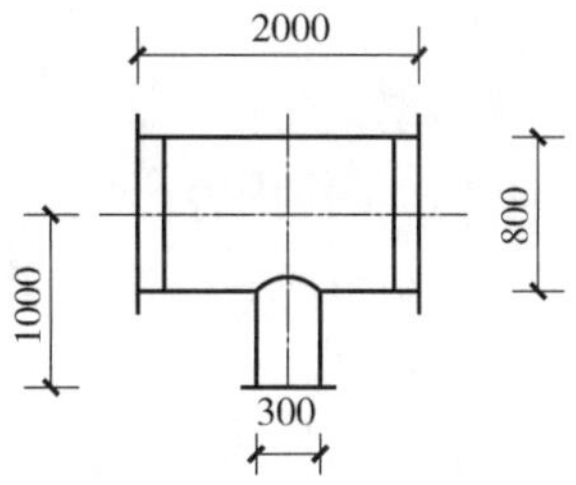

图5-12 正插三通示意图

5.2.4 塑料通风管道

1. 塑料通风管道计量规则

（1）塑料通风管道制作安装计量规则。

1）塑料通风管道制作安装按施工图所示规格，以展开面积计算，不扣除检查孔、测定孔、送风口、吸风口等所占面积。

2）风管长度一律以施工图所示的中心线长度为准（主管与支管以其中心线交点划分），包括弯头、三通、变径管、天圆地方等管件的长度，但不包括部件（如风阀）所占长度。风管的周长以图示尺寸为准，咬口重叠部分已包含在内，不得另行增加。

3）风管导流叶片制作安装按设计图示的叶片面积计算。对于香蕉形双叶片，其面积按单叶片面积的2倍计算。

4）整个通风系统设计采用渐缩管均匀送风者，圆形风管按平均直径、矩形风管按平均周长计算。

5）塑料风管按设计图示内径尺寸以展开面积计算，以"10m²"为计量单位。

6）软管接口制作安装按设计图示尺寸计算，以"m²"为计量单位。

7）风管检查孔质量按"国家标准图集"中所列质量计算，以"100kg"为计量单位。

8）风管测定孔制作安装，以"个"为计量单位。

9）塑料通风管道制作安装包括法兰、加固框的制作安装，吊托支架制作安装则单独列项计算。

（2）塑料通风管道部件制作安装计量规定。

1）标准部件中的风管阀门、风口的制作，按其成品质量以"kg"为计量单位，根据设计选用的型号、规格，按国标通风部件质量表计算质量。非标准的风阀、风口按设计图示成品质量计算。其安装则按它们的直径或周长划分步距，以"个"为计量单位，分别执行相应项目。

2）风帽的制作安装（包括风帽滴水盘和滴水槽）按其成品质量划分步距，以"kg"为计量单位。

3）罩类制作安装，按不同种类划分步距，以"kg"为计量单位。

4）片式消声器、管式消声器、复合阻抗消声器和消声静压箱以其外形尺寸的体积（m³）划分步距，以"台"为计量单位。弧形声流式消声器则以其外形尺寸体积（m³）为计量单位；消声弯则以它的断面面积（m²）划分步距，以"台"为计量单位，不论是哪种形式的消声弯均执行同一项目。

5）设备支架制作安装是指单件质量在100kg以下的设备支架和设备钢制基础，按设计图示尺寸计算，以"kg"为计量单位。其中风机减震台座的减震器应按设计规定的型号、规格计算。

2. 具体要求

（1）工作内容。

1）塑料风管制作工序：放样→锯割→坡口→加热成形→直管、管件、法兰制作→钻孔→组合电热熔接。

2）塑料风管安装工序：埋设支吊架→校准杆高→风管就位→制垫、上垫→法兰连接→校平找正、固定。

（2）项目中风管的规格是指圆形风管内径、矩形风管内边长。

（3）风管制作安装项目中的板材，如设计要求厚度不同时可以换算，人工、机械不变。

（4）风管制作安装项目中包括管件、法兰、加固框，但不包括吊托支架，吊托支架执行相关标准中设备支架制作安装项目。

（5）项目中的法兰垫料如设计要求使用材质不同者可以换算，其他不变。

（6）塑料通风管道胎具摊销费未包含在定额子目内，其计算方法为：

1）塑料风管工程量≥30m² 时，每10m² 风管的木材摊销量 = 0.06m³，木材单价按当期的预算价格计算。

2）塑料风管工程量≤30m² 时，每10m² 风管的木材摊销量 = 0.09m³，木材单价按当期的预算价格计算。

3. 塑料通风管道计算规则

按设计图示尺寸以展开面积计算。

4. 实训练习

【例5-10】如图5-13所示为一根内径为0.9m的塑料通风管道，管道厚度为6mm，连接方式为电热熔接，试计算该管道的工程量。

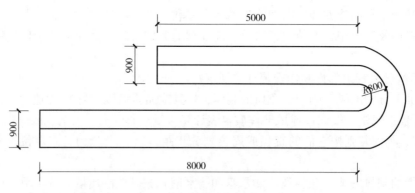

图5-13 塑料风管示意图

【解】（1）清单工程量。清单工程量计算规则：按设计图示尺寸以展开面积计算。

$(5 + 3.14 \times 1.6/2 + 8) \times 3.14 \times 0.9 = 43.84$（m²）。

【小贴士】式中"$5 + 3.14 \times 1.6/2 + 8$"为管道中心线长度，"$3.14 \times 0.9 \times 15.51$"为管道展开面积。

（2）定额工程量。定额工程量同清单工程量。

（3）计价。套用《河南省通用安装工程预算定额》（HA-02-31-2016）中子目 7-2-93，见表 5-8。

表 5-8　塑料通风管道　　　　　　　　（单位：10m²）

定额编号	7-2-90	7-2-91	7-2-92	7-2-93	7-2-94
项目	塑料圆形风管长边长×壁厚/mm				
	≤320×3	≤500×4	≤1000×5	≤1250×6	≤2000×8
基价/元	6649.76	4127.84	4149.69	4239.79	4487.98
人工费/元	3705.92	2296.22	2238.68	2305.79	2476.70
材料费/元	292.53	239.77	324.01	311.45	297.92
机械使用费/元	526.23	275.24	303.31	300.46	293.21
其他措施费/元	157.43	97.54	95.10	97.94	105.21
安文费/元	326.11	202.04	196.99	202.89	217.93
管理费/元	804.02	498.14	485.68	500.21	537.31
利润/元	413.25	256.03	249.63	257.10	276.17
规费/元	424.27	262.86	256.29	263.95	283.53

组价：43.84/10×4239.79 = 18587.24（元）。

5.2.5　复合型风管

1. 具体要求

（1）复合型通风管道制作安装按施工图所示规格，以展开面积计算，不扣除检查孔、测定孔、送风口、吸风口等所占面积。

（2）风管长度一律以施工图所示的中心线长度为准（主管与支管以其中心线交点划分），包括弯头、三通、变径管、天圆地方等管件的长度，但不包括部件（如风阀）所占长度。风管的周长以设计图示尺寸为准，咬口重叠部分已包含在内，不得另行增加。

（3）风管导流叶片制作安装按设计图示的叶片面积计算。对于香蕉形双叶片，其面积按单叶片面积的 2 倍计算。

（4）整个通风系统设计采用渐缩管均匀送风者，圆形风管按平均直径、矩形风管按平均周长计算。

（5）复合型通风管按设计图示外径尺寸以展开面积计算，以"10m²"为计量单位。

（6）软管接口制作安装按设计图示尺寸，以"m²"为计量单位。

（7）风管检查孔质量按"国家标准图集"中所列质量计算，以"100kg"为计量单位。

（8）风管测定孔制作安装，以"个"为计量单位。

（9）复合型通风管道的制作安装中已包括未镀锌钢板本身的除锈（刷油）法兰、加固框和吊托支架的制作安装，以及除锈、刷两道防锈漆、两道调和漆的工程量不得另行计算。

（10）工作内容。

1）复合型风管制作，包括放样、切割、开槽、成型、粘合、制作管件、钻孔组合。

2）复合型风管安装，包括就位、制垫、上垫、连接、找正、找平、固定。

（11）风管项目规格表示的直径为内径，周长为内周长。

（12）风管制作安装项目中包括管件、法兰、加固框、吊托支架的制作安装，还包括吊托支架的防锈、刷漆。

2. 复合型风管清单计算规则

按设计图示外径尺寸以展开面积计算。

3. 实训练习

【例5-11】某建筑内风管使用复合型矩形风管，示意图如图5-14所示，复合型矩形外径尺寸为200mm×120mm，所用管道中心线长度为100m，试计算其安装工程量。

【解】（1）清单工程量。清单工程量计算规则：按设计图示外径尺寸以展开面积计算。

复合型矩形风管工程量 = （0.2 + 0.12）×2 ×
$$100$$
$$= 64 \ （m^2）。$$

【小贴士】式中"（0.2 + 0.12）×2"为复合型矩形风管外径尺寸；"100"为管道中心线长度。

（2）定额工程量。定额工程量同清单工程量。

图5-14 复合型矩形风管示意图

5.2.6 风管检查孔

1. 风管检查孔概念

在通风管道安装施工中，由于隐蔽在吊顶内的室内风管周围的检查不便于进行，因此需把吊顶打开孔洞，既可作为安装用的开孔，也可用来窥视检查风管及其周围的附件，该孔洞常被称作风管检查孔。

2. 风管检查孔工程量清单项目设置

风管检查孔工程量清单项目设置见表5-9。

表5-9 风管检查孔工程量清单项目设置

项目编码	项目名称	项目特征	计量单位	工作内容
030702010	风管检查孔	1. 名称 2. 材质 3. 规格	1. kg 2. 个	1. 制作 2. 组装

3. 风管检查孔计算规则

（1）按风管检查孔质量以"公斤"（kg）计算。

（2）按设计图示数量以"个"计算。

4. 实训练习

【例5-12】某通风系统风管上装有15个风管检查孔。其中7个尺寸为270mm×320mm，270mm×320mm风管检查孔的质量为1.68kg/个，另外8个尺寸为520mm×480mm，520mm×480mm的风管质量为4.95kg/个，试计算风管检查孔的工程量。

【解】（1）清单工程量。清单工程量计算规则：

1）按风管检查孔质量以"公斤"（kg）计算。

由题干可知尺寸为270mm×230mm的风管检查孔的质量为1.68kg/个，尺寸为520mm×480mm的风管检查孔的质量为4.95kg/个，则：

$W_1 = 1.68 \times 7 = 11.76$（kg）

$W_2 = 4.95 \times 8 = 39.60$（kg）

2）按设计图示数量以"个"计算。

风管检查孔工程量 = 1（个）。

【小贴士】式中"1.68×7"为 270mm×230mm 风管检查孔工程量；"4.95×8"为 520mm×480mm 风管检查孔工程量。

（2）定额工程量。定额工程量同清单工程量。

5.3　通风管道部件制作及安装

5.3.1　碳钢阀门

1. 工程量清单项目设置

碳钢阀门工程量清单项目设置见表 5-10。

表 5-10　碳钢阀门工程量清单项目设置

项目编码	项目名称	项目特征	计量单位	工作内容
030703001	碳钢阀门	1. 名称 2. 型号 3. 规格 4. 质量 5. 类型 6. 支架形式、材质	个	1. 阀体制作 2. 阀体安装 3. 支架制作、安装

2. 碳钢阀门的制作与安装

（1）阀门的安装应牢固，调节和制动装置应准确、灵活、可靠，并标明阀门启闭方向。在实际的工程中经常出现阀门卡涩现象，空调系统停止运行一段时间后，再使用时，阀门无法开启。主要原因是转轴采用碳钢制作，很容易生锈，而且安装时又未采取防腐措施。如果轴和轴承，两者至少有一件用铜或铜锡合金制造，情况会大有改善。

（2）应注意阀门调节装置要设在便于操作的部位；安装在高处的阀门也要使其操作装置处于离地面或平台 1～1.5m 处。

（3）阀门安装完毕，应在阀体外部明显地标出"开"和"关"方向及开启程度。对保温系统，应在保温层外面设置标志，以便调试和管理。

3. 碳钢阀门计算规则

按设计图示数量计算。

4. 实训练习

【例 5-13】某碳钢调节阀，示意图如图 5-15 所示，试计算其工程量。

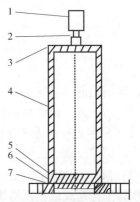

图 5-15　碳钢调节阀示意图

1—压力表　2—注气栓总成　3—壳体盖
4—壳体　5—上活塞盘　6—密封环
7—下活塞盘

【解】（1）清单工程量。清单工程量计算规则：按设计图示数量计算。

图中碳钢调节阀工程量 = 1（个）。

【小贴士】式中"1"为1个碳钢调节阀。

（2）定额工程量。定额工程量同清单工程量。

5.3.2　不锈钢蝶阀

1. 不锈钢蝶阀的概念

不锈钢蝶阀作为一种用来实现管路系统通断及流量控制的部件，已在石油、化工、冶金、水电等许多领域中得到了广泛应用。在已知的蝶阀技术中，其密封形式多采用密封结构，密封材料为橡胶、聚四氟乙烯等。由于结构特征的限制，不适应耐高温、高压及耐腐蚀、抗磨损等行业。现有一种比较先进的蝶阀是三偏心金属硬密封蝶阀，其阀体和阀座为连体构件，阀座密封表面层堆焊耐温、耐腐蚀合金材料，多层软叠式密封圈固定在阀板上。这种蝶阀与传统蝶阀相比具有耐高温、操作轻便、启动无摩擦的优点，且关闭时随着传动机构的力矩增大来补偿密封，提高了密封性能，延长了使用寿命。

2. 蝶阀的特点

蝶阀是通风系统中最常见的一种风阀。按其断面形状不同，分为圆形、方形和矩形三种；按其调节方式不同，分为手柄式和拉链式两类。其中手柄式蝶阀由短管、阀板和调节装置三部分组成，如图5-16所示。

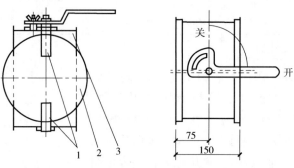

图 5-16　手柄式蝶阀

1—调节装置　2—阀板　3—短管

铝蝶阀是通风系统中最常见的一种风阀，其阀体的材质为铝合金，其驱动形式有手动、电动、气动三种。铝蝶阀具有以下特性：

（1）采用先进的无销连接技术，其结构坚固紧凑，蝶板具有（上下、左右）自动对中功能。

（2）阀体与阀颈铝合金一体化具有防止结露作用，且具有质量轻的特点。特殊材料与先进压铸工艺制成的铝压铸蝶阀，可有效地防止结露、结灰、电腐蚀。

（3）阀座法兰密封面采用大宽边、大圆弧，使阀门适应套合式和焊接式法兰连接要求，使安装密封更为简单易行。

不锈钢蝶阀具有良好的抗氧化性能，阀座可拆卸、免维护。阀体通径与管内径等径，开启时"窄"而呈流线型的阀板与流体方向一致，流量大而阻力小，无物料积聚。

3. **不锈钢蝶阀计算规则**

按设计图示数量计算。

4. **实训练习**

【例 5-16】长 6m、断面尺寸为 400mm × 400mm 的铝板通风管道，设置一处吊托支架，管道上安装一个 400mm × 400mm 的不锈钢蝶阀（$\delta = 150mm$），平面示意图如图 5-17 所示，试计算其工程量。

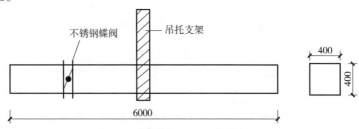

图 5-17　不锈钢蝶阀平面示意图

【解】（1）清单工程量。清单工程量计算规则：按设计图示数量计算。

400mm × 400mm 不锈钢蝶阀工程量 = 1（个）。

【小贴士】式中 "1" 为 1 个 400mm × 400mm 不锈钢蝶阀。

（2）定额工程量。定额工程量同清单工程量。

5.3.3　碳钢风口、散流器、百叶窗

1. **风口的基本概念**

风口是通风空调系统中向室内或室外输送气流的一种末端（始端）部件。风口的作用是将一定量的气流，按一定的流速送至使用场所或从使用场所排出。风口的外形可以是方形、圆形、条缝形、球形、弧形、角形等多种形状。风口的规格尺寸既可以是定型产品，也可按现场的实际需要进行加工。制成风口的材料多种多样，常用的材料包括金属（碳钢、铝合金、不锈钢等）和非金属（木质、ABS 等），在某些特殊场合使用的风口采用模具冲压或注塑制作而成。风口的布置方式也千变万化，可置于吊顶的顶面、侧壁外墙、地坪等处。有的风口和室内装饰面的布置相结合，组成较为隐蔽的组合风口。如利用发光吊顶的折光片做风口，也有与扬声器或照明灯框相结合，组成组合风口等。这种方法不仅避免了在吊顶表面开设风口，而且也有利于装饰效果，将端部的处理、通风空调和装饰效果三者有机地结合起来。为了保证良好的通风及装饰效果，风口的选用应满足以下要求：

（1）按房间的气流组织和使用要求选择所需风口的类型。

（2）风口的安装及连接形式。

（3）风口的气流速度要满足使用要求。一般风口的气流速度不宜过大或过小，风速过大会使人感到有吹风的不适感，并易造成噪声及扬尘；风速过小会降低通风效果，同时使风口尺寸变大。

（4）风口的阻力要小，以免造成较大的动力消耗。

（5）风口的结构要简单，外形要美观，并尽量与周围环境相匹配。

2. **通风空调工程常用风口**

通风空调工程常用风口详见表 5-11。

表 5-11　通风空调工程常用风口

风口名称				结构及特征	适用范围
散流器	方形	方形散流器		由多层锥形平行叶片组成,叶片角度为固定式,整个叶片内芯与边框可以脱卸,以便安装与风量调节。并可与调节阀配套使用。可根据房间不同造型,选用不同出风方向吹出气流,属贴附型(平送),其具有均匀散流的特性	水平安装在吊顶上,适于办公室、商场、医院、图书馆、音乐厅、饭店等场合的送风
		宽边方形散流器		在方形散流器的基础上增加了一个与龙骨吊顶尺寸相同的延伸框,使风口与吊顶成一体,既可省去吊顶开孔的施工步骤,也美化了装饰效果	
		矩形散流器		方形散流器长、宽尺寸发生变化,可以将纵、横向的送风量按一定比例分配	
		方盘形散流器		叶片内芯呈盘状结构,其吹出气流不易减速,相比于其他方形散流器,其气流送达的距离更远	适于安装在层高较高的吊顶上
	圆形	圆形散流器		由三层圆锥状叶片组成,叶片角度为固定式,并与边框齐平。整个叶片内芯与边框可以脱卸,以便安装与风量调节,并可与调节阀配套使用。气流沿 45° 方向送出。其吹出气流属于贴附型,具有内部诱导性好、吹出气流均匀、能抑制体感气流等特点	水平安装在吊顶上,适于办公室、商场、医院、图书馆、音乐厅、饭店等场合的送风
		圆形凸面散流器		叶片内芯呈阶梯形突出边框,吹出气流沿水平方向送出,属贴附型。可将主气流和副气流高度混合,使气流通过散流器时压力降小	
		圆形斜片散流器		叶片与外框为固定式结构,外框呈圆形,线形叶片倾斜一定角度,可加工成单向和双向倾斜,以改变气流吹出模式	
		圆盘形散流器		叶片内芯呈盘状结构,其吹出气流不易减速,相比于圆形散流器,其气流送达的距离更远	适于安装在层高较高的吊顶上
		圆环形散流器		外框为圆形,内芯由多个圆环组成。送风阻力小、风速大、射程远,可配合静压箱使用	适于工厂厂房或层高较高建筑的送风
	条形	扁叶形直出风散流器		散流器的最大长边可超过 5m,也可根据需要拼接成任意长度。叶片为固定式直片形	用于室内、大厅环形分布的出风口回风口
		细叶形散流器	单向	散流器的最大长边可超过 5m,也可根据需要拼接成任意长度。叶片向一边有一定的倾斜角度,可按要求加工成固定式或脱卸式。散流器的外形可根据装饰的布局加工成弧形、角度形等形状	
			双向	在细叶形散流器(单向)的基础上,将叶片的倾斜角度分别向两边倾斜	
		条缝形散流器(爪形散流器)		每组叶片的槽内有两个弧形叶片组成爪形,通过调节叶片可以控制气流的大小、方向及启闭风口。在条缝形散流器叶片部留有安装孔,可将导风控制板和活动叶片一起安装	一般安装于吊顶上,也可安装在侧墙及其他位置,适用于送风和回风

（续）

风口名称			结构及特征	适用范围
百叶风口	百叶风口	固定式	叶片为向下倾斜 45° 固定式	用于室内各种场合回风
		可开式（门铰式）	在固定式的基础上增加一个边框和特制门锁及铰链，叶片内框可开启，便于安装和过滤网的拆卸清洁	
	防雨百叶风口		叶片为向下倾斜 45° 固定式	适于建筑物外墙的新风进气口、排风口，及新风机组或组合空调机房的新风窗处，具有较好的防雨功能
	遮光百叶风口		叶片分前后两边向下倾斜 45° 固定式	具有遮光功能，适用于需要隔断光线侵入的场合
	自垂百叶风口		风口百叶靠自重而自然下垂，有单向止回功能。当室内气压大于室外气压时，气流将百叶吹开进行向外排气；当室内气压小于室外气压时，自垂百叶闭合，气流不能反向流入	适用于有正压房间的排风

3. 碳钢风口、散流器、百叶窗计算规则

按设计图示数量计算

4. 实训练习

【例 5-17】某工程安装碳钢风口散流器，安装示意图如图 5-18 所示，试计算其工程量。

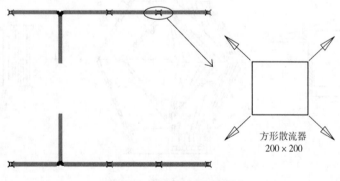

方形散流器
200×200

图 5-18　散流器安装示意图

【解】（1）清单工程量。清单工程量计算规则：按设计图示数量计算。

方形散流器工程量 = 8（个）。

【小贴士】式中 "8" 为散流器个数。

（2）定额工程量。定额工程量同清单工程量。

（3）计价。套用《河南省通用安装工程预算定额》（HA-02-31-2016）中子目 7-3-51，见表 5-12。

表 5-12　风口安装　　　　　　　　　　　　　　（单位：个）

定额编号	7-3-50	7-3-51	7-3-52	7-3-53	7-3-54	7-3-55
项目	方形散流器周长/mm			圆形、流线形散流器直径/mm		
	≤500	≤1000	≤2000	≤200	≤360	≤500
基价/元	37.18	46.24	66.72	33.25	61.13	79.36
其中 人工费/元	21.67	26.97	38.91	19.46	36.70	47.54
材料费/元	1.79	2.80	3.81	1.46	1.79	2.34
机械使用费/元	—	—	—	—	—	—
其他措施费/元	1.02	1.22	1.78	0.91	1.68	2.18
安文费/元	2.10	2.53	3.68	1.89	3.49	4.52
管理费/元	5.19	6.23	9.08	4.67	8.56	11.16
利润/元	2.67	3.20	4.67	2.40	4.40	5.73
规费/元	2.74	3.29	4.79	2.46	4.52	5.89

组价：$8 \times 46.24 = 369.92$（元）。

5.3.4　风帽

1. 风帽的概念

风帽是安装在排风系统的末端，利用风压的作用，加强排风能力的一种自然通风装置。同时可以防止雨雪落入风管内。在排风系统中一般使用伞形风帽、锥形风帽和筒形风帽，示意图如图 5-19 所示，向室外排出污浊空气。

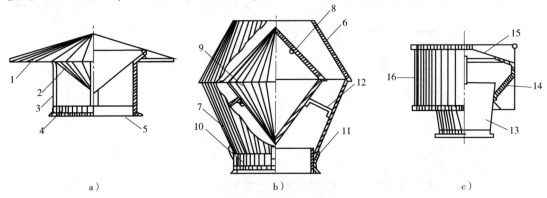

图 5-19　风帽示意图

a）伞形风帽　b）锥形风帽　c）筒形风帽

1—伞形罩　2—倒伞形帽　3—支撑　4—加固环　5—风管　6—上锥形帽

7—下锥形帽　8—上伞形帽　9—下伞形帽　10—连接管　11—外支撑　12—内支撑

13—扩散管　14—支撑　15—伞形罩　16—外筒

2. 风帽分类

（1）伞形风帽。伞形风帽适用于一般机械排风系统。伞形罩和倒伞形帽可按圆锥形展开咬口制成。当通风系统的室外风管厚度与"T609 标准图"所示风帽不同时，伞形罩和倒伞形帽可按室外风管厚度制作。伞形风帽按"T609 标准图"所绘共有 17 个型号。其支撑用扁钢制成，用以连接伞形帽。

（2）锥形风帽。锥形风帽适用于除尘系统，有 $D = 200 \sim 1250mm$，共 17 个型号。其制作方法主要按圆锥形展开下料组装。

（3）筒形风帽。筒形风帽比伞形风帽多了一个外圆筒，当在室外风力作用下，风帽短管处形成空气稀薄现象，促使空气从竖管排至大气，风力越大，效率就越高，因而适用于自然排风系统。筒形风帽主要由扩散管、支撑、伞形罩和外筒四部分组成，有 $D = 200 \sim 1000mm$，共 9 个型号。

3. 风帽计算规则

按设计图示数量计算。

4. 实训练习

【例 5-18】某屋面安装排风风帽，示意图如图 5-20 所示，试计算其工程量。

【解】（1）清单工程量。清单工程量计算规则：按设计图示数量计算。

屋面排风风帽工程量 = 1（个）。

【小贴士】式中：因计算规则按设计图纸数量计算，所以风帽工程量为 1 个。

（2）定额工程量。定额工程量同清单工程量。

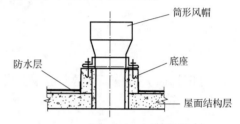

图 5-20 屋面排风风帽示意图

5.4 通风工程检测、调试

1. 使用要求

（1）对照设计资料，空气中含有易燃、易爆物质房间的通风设计应符合要求。

（2）用目测检查通风设备管道安装、防火阀的设置，应符合要求。

（3）通风和空调系统的保温材料应符合设计要求。

1）实地启闭（手动和电动）防火门，应能自动闭合、查看关闭效果。双扇防火门应按顺序关闭：关闭后应能从内、外两侧人为开启。

2）常闭防火门开启后应能自动闭合：电动常开防火门，应在火灾报警后自动关闭并反馈信号。

3）设置在疏散通道上并设有出入口控制系统的防火门，应能自动和手动解除出入口控制系统，并有反馈信号。

4）分别触发两个相关的火灾探测器，查看相应区域。

2. 通风前的准备

（1）检查风机与风道连接的牢固及密封程度；检查设备的接地线是否可靠、电机和控制电路接线是否正确，防止风机反转；采用移动式风机作业时，风机必须有效固定。

（2）开机前认真检查各部位紧固螺栓有无松动；皮带转动是否灵活、松紧是否合适；风管软连接是否良好，风机防护设施是否完好。

（3）开始通风前首先要打开仓房门、窗，便于气体的交换，减少通风时对仓体形成的压力载荷。

3. 通风工程检测、调试计算规则

按由通风设备、管道及部件等组成的通风系统计算。

4. 实训练习

【例5-21】 如图5-21所示为通风工程系统图，试计算其工程量。

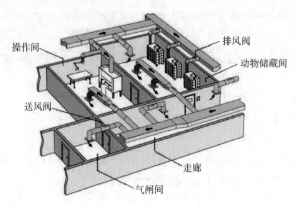

操作间　排风阀　动物储藏间　送风阀　走廊　气闸间

图5-21　通风工程系统图

【解】（1）清单工程量。清单工程量计算规则：按由通风设备、管道及部件等组成的通风系统计算。

通风系统工程量为1（系统）。

（2）定额工程量。定额工程量同清单工程量。

第6章 工业管道工程

6.1 管道

6.1.1 低压管道

1. 概念

低压管道是指公称压力不超过 1.6MPa 的工业管道。

2. 使用要求

（1）管道工程量计算不扣除阀门、管件所占长度；室外埋设管道不扣除附属构筑物所占长度；方形补偿器以其所占长度列入管道安装工程量。

（2）套管制作安装，包括防水（火）套管、穿楼板、隔墙的填料套管，按照设计要求描述套管形式。

（3）衬里钢管预制安装包括直管、管件及法兰的预安装及拆除。

（4）压力试验按设计要求描述试验方法，例如水压试验、气压试验、泄漏性试验、真空试验等。

（5）吹扫与清洗按设计要求描述吹扫与清洗方法和介质，例如水冲洗、空气吹扫、蒸气吹扫、化学清洗、油清洗等。

（6）脱脂按设计要求描述脱脂介质种类，例如二氯乙烷、三氯乙烯、四氯化碳、丙酮或酒精等。

（7）管廊及地下管网主材用量，按施工图净用量加规定的损耗量计算。

（8）法兰连接金属软管安装，包括两个垫片和两副法兰用螺栓的安装，螺栓材料量按施工图设计用量加规定的损耗量计算。

（9）管道安装按不同压力等级、材质、连接形式分别列项，以"10m"为计量单位。

（10）加热套管安装按内、外管分别计算工程量，执行相应定额。

（11）伴热管项目已包括煨弯工序内容，不得另行计算。

3. 低压管道计算规则

（1）清单工程量计算规则，以"米（m）"计量，按设计图示管道中心线以长度计算。

（2）定额工程量计算规则。

1）各种管道安装工程量，按设计管道中心线以"延长米"长度计算，不扣除阀门及各种管件所占长度。

2）金属软管安装按不同连接方式，以"根"为计量单位。

4. 实训练习

【例6-1】某工厂内用不锈钢低压管道输送蒸气，低压管道示意图如图6-1所示，不锈钢管为电弧焊连接，公称直径为DN50，管道中心线总长为140m，试计算低压管道安装工程量。

【解】（1）清单工程量。清单工程量计算规则：以"米（m）"计量，按设计图示管道中心线以长度计算。

低压管道安装工程量 = 140（m）。

（2）定额工程量。定额工程量同清单工程量。

【小贴士】式中"140"为管道中心线总长。

（3）计价。套用《河南省通用安装工程预算定额》（HA-02-31-2016）中子目8-1-112，见表6-1。

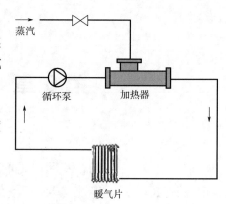

图 6-1 低压管道示意图

表6-1 低压管道 （单位：10m）

定额编号	8-1-107	8-1-108	8-1-109	8-1-110	8-1-111	8-1-112
项目	公称直径（mm 以内）					
	15	20	25	32	40	50
基价/元	113.55	126.23	143.34	160.52	204.62	236.84
其中 人工费/元	71.05	79.05	88.97	99.56	126.04	145.58
材料费/元	3.29	3.60	4.87	5.51	6.24	7.68
机械使用费/元	1.50	1.75	2.18	2.65	5.13	6.09
其他措施费/元	2.79	3.10	3.51	3.91	4.98	5.74
安文费/元	5.79	6.42	7.26	8.10	10.31	11.89
管理费/元	14.27	15.83	17.90	19.98	25.43	29.32
利润/元	7.33	8.13	9.20	10.27	13.07	15.07
规费/元	7.53	8.35	9.45	10.54	13.42	15.47

计价：140/10 × 236.84 = 3315.76（元）。

6.1.2 中压管道

1. 概念

中压管道是指公称压力为 1.6~10MPa 的工业管道。

中压管道包括中压碳钢管、中压螺旋卷管、中压不锈钢管、中压合金钢管、中压铜及铜合金管、中压钛及钛合金管、中压锆及锆合金管、中压镍及镍合金管。

2. 使用要求

（1）管道工程量计算不扣除阀门、管件所占长度；方形补偿器以其所占长度列入管道安装工程量。

（2）套管制作安装，包括防水（火）套管、穿楼板、隔墙的填料套管，按照设计要求描述套管形式。

（3）压力试验按设计要求描述试验方法，如水压试验、气压试验、泄漏性试验、真空试验等。

（4）吹扫与清洗按设计要求描述吹扫与清洗方法和介质，如水冲洗、空气吹扫、蒸气吹扫、化学清洗、油清洗等。

（5）脱脂按设计要求描述脱脂介质种类，如二氯乙烷、三氯乙烯、四氯化碳、动力苯（粗苯）、丙酮或酒精等。

3. 中压管道计算规则

以"米（m）"计量，按设计图示管道中心线以长度计算。

4. 实训练习

【例6-2】某工厂内用中压合金钢管输送腐蚀性介质，中压管道示意图如图6-2所示，中压合金钢管为电弧焊连接，进水管公称直径为DN80，管道中心线总长为23m，盐水管公称直径为DN65，管道中心线总长为9.1m，试计算中压管道安装工程量。

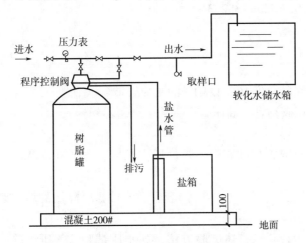

图6-2　中压管道示意图

【解】（1）清单工程量。清单工程量计算规则：中压管道以"米（m）"计量，按设计图示管道中心线以长度计算。

1）DN65中压管道安装工程量 = 9.1（m）；

2）DN80中压管道安装工程量 = 23（m）。

（2）定额工程量。定额工程量同清单工程量。

【小贴士】式中"9.1"为DN65中压管道中心线总长；"23"为DN80中压管道中心线总长。

（3）计价。套用《河南省通用安装工程预算定额》（HA-02-31-2016）中子目8-1-540和8-1-541，见表6-2。

表6-2　中压管道　　　　　　　　　　　　（单位：10m）

定额编号	8-1-540	8-1-541	8-1-542	8-1-543	8-1-544	8-1-545
项目	公称直径（mm 以内）					
	65	80	100	125	150	200
基价/元	406.83	440.05	639.11	675.32	705.55	1008.02

（续）

其中	人工费/元	243.99	263.68	311.36	330.00	340.05	492.61
	材料费/元	8.18	9.27	12.76	14.03	17.87	28.77
	机械使用费/元	27.12	29.27	138.76	144.77	154.95	210.29
	其他措施费/元	9.45	10.21	13.06	13.82	14.27	20.47
	安文费/元	19.57	21.15	27.04	28.62	29.57	42.41
	管理费/元	48.26	52.15	66.68	70.57	72.90	104.56
	利润/元	24.80	26.80	34.27	36.27	37.47	53.74
	规费/元	25.46	27.52	35.18	37.24	38.47	55.17

计价：$9.1/10 \times 406.83 = 370.22$（元）；

$23/10 \times 440.05 = 1012.12$（元）。

合计：$370.22 + 1012.12 = 1382.34$（元）。

6.1.3 高压管道

1. 概念

高压管道是指公称压力为 10 ~ 42MPa 的工业管道。

高压管道包括高压碳钢管、高压合金钢管、高压不锈钢管。

2. 使用要求

（1）管道工程量计算不扣除阀门、管件所占长度；方形补偿器以其所占长度列入管道安装工程量。

（2）套管制作安装，包括防水（火）套管、穿楼板、隔墙的填料套管，按照设计要求描述套管形式。

（3）压力试验按设计要求描述试验方法，如水压试验、气压试验、泄漏性试验、真空试验等。

（4）吹扫与清洗按设计要求描述吹扫与清洗方法和介质，如水冲洗、空气吹扫、蒸气吹扫、化学清洗、油清洗等。

（5）脱脂按设计要求描述脱脂介质种类，如二氯乙烷、三氯乙烯、四氯化碳、动力苯、丙酮或酒精等。

3. 高压管道计算规则

以"米（m）"计量，按设计图示管道中心线以长度计算。

4. 实训练习

【例6-3】某工厂内安装压缩机，高压管道示意图如图6-3所示，管道连接为高压不锈钢管电弧焊连接，管道公称直径为 DN40，进水管路和排水管路管道中心线总长为9.6m，试计算高压管道安

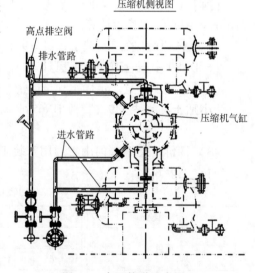

图 6-3 高压管道示意图

装工程量。

【解】（1）清单工程量。清单工程量计算规则：以"米（m）"计量，按设计图示管道中心线以长度计算。

DN40 高压管道安装工程量 = 9.6（m）。

（2）定额工程量。定额工程量同清单工程量。

【小贴士】式中"9.6"为 DN40 中压管道中心线总长。

（3）计价。套用《河南省通用安装工程预算定额》（HA-02-31-2016）中子目 8-1-655，见表 6-3。

表 6-3　高压管道　　　　　　　　　　　　　　　　（单位：10m）

定额编号	8-1-651	8-1-652	8-1-653	8-1-654	8-1-655	8-1-656
项目	公称直径（mm 以内）					
	15	20	25	32	40	50
基价/元	432.52	469.08	521.91	667.70	729.32	789.69
其中　人工费/元	285.51	307.72	337.24	431.97	468.56	504.56
材料费/元	5.35	7.08	11.22	13.43	17.35	22.91
机械使用费/元	10.01	12.33	17.12	22.06	26.04	28.40
其他措施费/元	9.75	10.52	11.58	14.83	16.10	17.32
安文费/元	20.20	21.78	23.99	30.73	33.36	35.88
管理费/元	49.81	53.71	59.15	75.76	82.24	88.47
利润/元	25.60	27.60	30.40	38.95	42.27	45.47
规费/元	26.29	28.34	31.21	39.98	43.40	46.68

计价：$9.6/10 \times 729.32 = 700.15$（元）。

6.2　法兰

1. 概念

法兰，又称为法兰突缘盘或突缘。法兰是轴与轴之间相互连接的零件，用于管端之间的连接；也有用在设备进、出口上的法兰，用于两个设备之间的连接，如减速机法兰。法兰连接或法兰接头，是指由法兰、垫片及螺栓三者相互连接作为一组组合密封结构的可拆连接。

管道法兰是指管道装置中配管用的法兰，用在设备上系指设备的进、出口法兰。法兰上有孔眼，螺栓使两法兰紧密连接。法兰间用衬垫密封。法兰分为螺纹连接（丝扣连接）法兰、焊接法兰和卡夹法兰。法兰都是成对使用的，低压管道可以使用丝接法兰，4kg 以上压力的使用焊接法兰。两片法兰盘之间加上密封垫，然后用螺栓紧固。不同压力的法兰厚度不同，它们使用的螺栓也不同。水泵和阀门，在和管道连接时，这些器材设备的局部，也制成相对应的法兰形状，也称为法兰连接。凡是在两个平面周边使用螺栓连接同时封闭的连接零件，一般都称为"法兰"，如通风管道的连接，这一类零件可以称为"法兰类零件"。但是这种连接只是一个设备的局部，如法兰和水泵的连接，就不宜把水泵叫"法兰类零件"。比较小型的如阀门等，可以叫"法兰类零件"。法兰构造示意图如图 6-4 所示。

由于法兰具有良好的综合性能，所以其广泛用于化工、建筑、给水、排水、石油、轻（重）工业、冷冻、卫生、水暖、消防、电力、航天、造船等基础工程。法兰的基本类型如图6-5所示。

2. 法兰的分类

按法兰结构及其管道的连接方式，分为整体法兰、螺纹法兰、对焊法兰、平焊法兰、松套法兰与法兰盖等。

（1）整体法兰。整体法兰是指"泵、阀、机"等机械设备与管道连接的进、出口法兰，通常和这些管道设备制成一体，作为设备的一部分。整体法兰如图6-6所示。

（2）螺纹法兰。螺纹法兰是将法兰的内孔加工成螺纹管，并和带螺纹的管道配合实现连接，是一种非焊接法兰。与焊接法兰相比，具有安装、维修方便的特点，可在一些现场不允许焊接的场合使用。但在温度高于260℃和低于−45℃的条件下，建议不使用螺纹法兰，以免发生泄漏。螺纹法兰如图6-7所示。

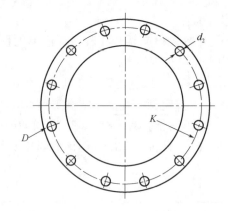
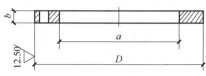

图6-4 法兰构造示意图

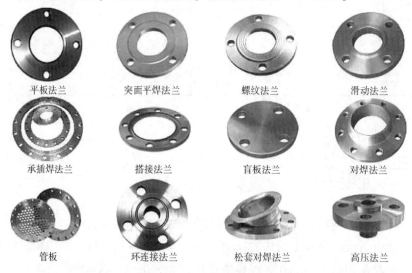

平板法兰	突面平焊法兰	螺纹法兰	滑动法兰
承插焊法兰	搭接法兰	盲板法兰	对焊法兰
管板	环连接法兰	松套对焊法兰	高压法兰

图6-5 法兰的基本类型

图6-6 整体法兰　　　　图6-7 螺纹法兰

（3）平焊法兰。平焊法兰又称搭焊法兰。平焊法兰与管道的连接是将管道插入法兰内孔至适当位置，然后再搭焊，其优点在于焊接装配时较易对中，且价格便宜，因而得到了广泛应用。按内压计算，平焊法兰的强度约为相应对焊法兰的三分之二，疲劳寿命约为对焊法兰的三分之一。所以，平焊法兰只适用于压力等级比较低，且压力波动、振动及震荡均不严重的管道系统中。平焊法兰如图 6-8 所示。

图 6-8　平焊法兰

（4）松套法兰。松套法兰的连接实际也是通过焊接实现的，只是这种法兰是松套在已与管道焊接在一起的附属元件上，然后通过连接螺栓将附属元件和垫片压紧以实现密封，法兰（即松套）本身则不接触介质。这种法兰连接的优点是法兰可以旋转，易于对中螺栓孔，使用在大口径管道上易于安装，也适用于管道需要频繁拆卸以供清洗和检查的场合。其法兰附属元件材料与管道材料一致，而法兰材料可与管道材料不同，因此比较适合于输送腐蚀性介质的管道。松套法兰如图 6-9 所示。

图 6-9　松套法兰

法兰的类型、代号以及标准号见表 6-4。

表 6-4　法兰的类型、代号以及标准号

法兰类型	代号	标准号
板式平焊法兰	PL	
带颈平焊法兰	So	HG20616
带颈对焊法兰	WN	HG20617
整体法兰	IF	HG20618
承插焊法兰	SW	HG20619
螺纹法兰	Th	HG20620
对焊环松套法兰	PJ/SE	HG20621
平焊环松套法兰	PJ/PR	
法兰盖	BL	HG20622
衬里法兰盖	BL（S）	
大直径管法兰	WN	HG20623

3. 使用要求

（1）全加热套管法兰安装，按内套管法兰公称直径执行相应项目，定额乘以系数 2.0。

（2）单片法兰安装执行法兰安装相应项目，定额乘以系数 0.61，螺栓数量不变。

（3）中压螺纹法兰、平焊法兰安装，执行低压相应项目，定额乘以系数 1.2。

（4）节流装置安装已包括了短管装拆工作内容，执行法兰安装相应项目，定额乘以系数0.7。

（5）焊环活动法兰安装，执行翻边活动法兰安装相应项目，翻边短管更换为焊环。

（6）法兰安装包括一个垫片和副法兰用的螺栓；螺栓用量按施工图设计用量加损耗量计算。

（7）法兰安装使用垫片是按石棉橡胶板考虑的，实际施工与定额不同时，可替换。

（8）透镜垫、螺栓本身价格另计，按实际用量加损耗计算。

4. 定额工程量计算规则

（1）各种法兰安装按不同压力、材质、连接形式和种类，以"副"为计量单位。

（2）配法兰的盲板只计算主材费，安装费已包括在单片法兰安装中。

6.2.1 低压法兰

1. 概念

低压法兰指的是公称压力不超过1.6MPa的法兰。

低压法兰包括低压碳钢螺纹法兰、低压碳钢焊接法兰、低压铜及铜合金法兰、低压不锈钢法兰、低压合金钢法兰、低压铝及铝合金法兰、低压钛及钛合金法兰、低压锆及锆合金法兰、低压镍及镍合金法兰、钢骨架复合塑料法兰。低压法兰如图6-10所示。

2. 使用要求

（1）法兰焊接时，要在项目特征中描述法兰的连接形式（平焊法兰、对焊法兰、翻边活动法兰及焊环活动法兰等），不同连接形式应分别列项。

图6-10　低压法兰

（2）配法兰的盲板不计安装工程量。

（3）焊接盲板（封头）按管件连接计算工程量。

3. 计算规则

以"副（片）"计量，按设计图示数量计算。

4. 实训练习

【例6-4】某工厂工业低压管道连接阀门用10副碳钢平焊法兰，为电弧焊连接，碳钢平焊法兰如图6-11所示，管道公称直径为DN32，法兰公称直径为DN32，试计算法兰安装工程量。

【解】（1）清单工程量。清单工程量计算规则：以"副（片）"计量，按设计图示数量计算。

DN32碳钢平焊法兰安装工程量＝10（副）。

（2）定额工程量。定额工程量同清单工程量。

图6-11　碳钢平焊法兰

【小贴士】式中"10"为DN32碳钢平焊法兰数量。

（3）计价。套用《河南省通用安装工程预算定额》（HA-02-31-2016）中子目8-4-13，见表6-5。

表 6-5　低压法兰　　　　　　　　　　　　　　　　（单位：副）

定额编号	8-4-20	8-4-11	8-4-12	8-4-13	8-4-14	8-4-15
项目	公称直径（mm 以内）					
	15	20	25	32	40	50
基价/元	38.40	43.65	53.76	61.78	71.15	81.06
其中　人工费/元	22.53	25.44	31.40	35.42	40.78	46.21
材料费/元	1.33	1.49	1.87	2.30	2.86	3.29
机械使用费/元	2.21	3.00	4.02	4.87	5.56	6.87
其他措施费/元	0.91	1.02	1.22	1.42	1.63	1.83
安文费/元	1.89	2.10	2.53	2.95	3.37	3.79
管理费/元	4.67	5.19	6.23	7.26	8.30	9.34
利润/元	2.40	2.67	3.20	3.73	4.27	4.80
规费/元	2.46	2.74	3.29	3.83	4.38	4.93

计价：$10 \times 61.78 = 617.8$（元）。

6.2.2　中压法兰

1. 概念

中压法兰指的是公称压力不超过 1.6 ~ 10MPa 的法兰。

中压法兰包括中压碳钢螺纹法兰、中压碳钢焊接法兰、中压铜及铜合金法兰、中压不锈钢法兰、中压合金钢法兰、中压钛及钛合金法兰、中压锆及锆合金法兰、中压镍及镍合金法兰。中压法兰结构示意图如图 6-12 所示。

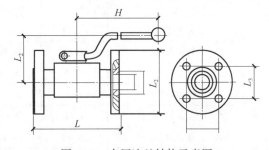

图 6-12　中压法兰结构示意图

2. 使用要求

（1）法兰焊接时，要在项目特征中描述法兰的连接形式（例如平焊法兰、对焊法兰等），不同连接形式应分别列项。

（2）配法兰的盲板不计安装工程量。

（3）焊接盲板（封头）按管件连接计算工程量。

3. 中压法兰计算规则

4. 实训练习

以"副（片）"计量，按设计图示数量计算。

【例 6-5】某蒸气中压供暖管道中的闸阀为法兰连接，中压法兰示意图如图 6-13 所示，法兰选用不锈钢对焊法兰（电弧焊），管道公称直径为 DN80 与 DN100，试计算法兰安装工程量。

【解】（1）清单工程量。清单工程量计算规则：以"副（片）"计量，按设计图示数量计算。

DN80 不锈钢对焊法兰安装工程量 = 3（副），

DN100 不锈钢对焊法兰安装工程量 = 2（副）。

（2）定额工程量。定额工程量同清单工程量。

【小贴士】式中"3"为 DN80 不锈钢对焊法兰的数量；"2"为 DN100 不锈钢对焊法兰的数量。

（3）计价。套用《河南省通用安装工程预算定额》（HA-02-31-2016）中子目 8-4-333 与 8-4-334，见表 6-5。

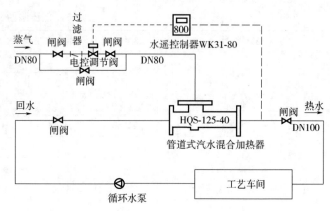

图 6-13　中压法兰示意图

表 6-6　中压法兰 （单位：副）

定额编号	8-4-332	8-4-333	8-4-334	8-4-335	8-4-336	8-4-337
项目	公称直径（mm 以内）					
	65	80	100	125	150	200
基价/元	179.10	209.10	293.34	338.72	414.00	583.92
人工费/元	96.44	101.51	143.68	156.14	183.61	240.72
材料费/元	20.89	28.10	39.71	50.71	72.04	125.22
机械使用费/元	13.08	28.06	37.27	53.01	65.09	95.82
其他措施费/元	3.61	3.81	5.38	5.84	6.91	9.04
安文费/元	7.47	7.89	11.15	12.10	14.31	18.73
管理费/元	18.42	19.46	27.50	29.84	35.28	46.18
利润/元	9.47	10.00	14.14	15.34	18.14	23.74
规费/元	9.72	10.27	14.51	15.74	18.62	24.37

（"其中" 为左侧合并列标注）

计价：$3 \times 209.10 = 627.30$（元）；

$2 \times 293.34 = 586.68$（元）。

合计：$627.30 + 586.68 = 1213.98$（元）。

6.2.3　高压法兰

1. 概念

高压法兰指的是公称压力不超过 10 ~ 42MPa 的法兰。

高压法兰包括：高压碳钢螺纹法兰、高压碳钢焊接法兰、高压不锈钢焊接法兰、高压合金钢焊接法兰。

2. 使用要求

（1）配法兰的盲板不计安装工程量。

（2）焊接盲板（封头）按管件连接计算工程量。

3. 高压法兰计算规则

以"副（片）"计量，按设计图示数量计算。

4. 实训练习

【例 6-6】某工厂蒸汽供暖管网系统的管道示意图如图 6-14 所示，从其冷凝水箱到用汽设备的为中压管道，从锅炉到冷凝水箱的管道为高压管道，试计算阀门的法兰安装工程量。

工程说明：

（1）从锅炉到冷凝水箱的管道公称直径均为 DN40，从冷凝水箱到用气设备的管道公称直径为 DN32。

（2）所有法兰为碳钢对焊法兰，阀门均采用对焊法兰连接，系统连接全部采用电弧焊。

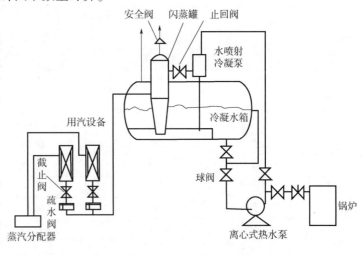

图 6-14　管道示意图

【解】（1）清单工程量。清单工程量计算规则：以"副（片）"计量，按设计图示数量计算。

中压管道：DN32 碳钢平焊法兰安装工程量 =4（副）。

高压管道：DN40 碳钢平焊法兰安装工程量 =7（副）。

（2）定额工程量。定额工程量同清单工程量。

【小贴士】式中"4"为 DN32 碳钢平焊法兰数量；"7"为 DN40 碳钢平焊法兰安装工程量。

（3）计价。套用《河南省通用安装工程预算定额》（HA-02-31-2016）中子目 8-4-291 与 8-4-444，见表 6-7、表 6-8。

表 6-7　中压法兰　　　　　　　　　　　　　　　　　　（单位：副）

定额编号		8-4-288	8-4-289	8-4-290	8-4-291	8-4-292	8-4-293
项目		公称直径（mm 以内）					
		50	15	20	25	32	40
基价/元		49.62	61.07	70.46	77.54	88.21	97.61
其中	人工费/元	30.32	36.88	41.46	45.35	51.09	56.21
	材料费/元	1.87	2.12	2.76	3.51	4.08	4.84
	机械使用费/元	2.34	3.55	4.85	6.05	6.98	8.45
	其他措施费/元	1.12	1.37	1.57	1.68	1.93	2.08
	安文费/元	2.32	2.84	3.26	3.47	4.00	4.31
	管理费/元	5.71	7.01	8.04	8.56	9.86	10.64
	利润/元	2.93	3.60	4.13	4.40	5.07	5.47
	规费/元	3.01	3.70	4.24	4.52	5.20	5.61

计价：4 × 77.54 = 310.16（元）。

表 6-8　高压法兰　　　　　　　　　　　　　　　（单位：副）

定额编号	8-4-440	8-4-441	8-4-442	8-4-443	8-4-444	8-4-445
项目	公称直径（mm 以内）					
	15	20	25	32	40	50
基价/元	108.23	130.26	157.01	186.80	220.73	255.31
其中　人工费/元	66.04	78.90	93.12	111.05	132.41	151.58
材料费/元	3.32	3.97	5.00	6.55	7.77	10.23
机械使用费/元	8.00	10.37	14.32	16.40	18.15	22.19
其他措施费/元	2.29	2.74	3.30	8.10	4.62	5.28
安文费/元	4.74	5.68	16.86	19.98	9.58	10.94
管理费/元	11.68	14.01	8.67	10.27	23.61	26.98
利润/元	6.00	7.20	8.90	10.54	12.13	13.87
规费/元	6.16	7.39	157.01	186.80	12.46	14.24

计价：7 × 220.73 = 1545.11（元）。

合计：310.16 + 1545.11 = 1855.27（元）。

6.3　管件制作

1. 概念

管道安装工程中，在管路转弯、分支、弯径时需要相适应的管件来满足其变化要求。管件制作就是制作满足相关要求的管件，管件如图 6-15 所示。

管件制作包括碳钢板管件制作、不锈钢板管件制作、铝及铝合金板管件制作、碳钢管虾体弯制作、中压螺旋卷管虾体弯制作、不锈钢管虾体弯制作、铝及铝合金管虾体弯制作、铜及铜合金管虾体弯制作、管道机械煨弯、管道中频煨弯、塑料管煨弯。

　　管件种类很多，归纳有以下几种主要类型：

（1）变直径管件，指管端或管上某一部分直径减小。

（2）变壁厚的管件，指沿管子长度方向壁厚发生变化。

（3）改变断面的管件，根据要求，将圆形断面变为方形、椭圆形、多边形等。

（4）弯曲管件，通常接触比较多的，就是将直管变为不同曲率半径的弯管，

图 6-15　管件

如弯头、弯管等。

（5）带凸缘和圆缘的管件，前者指管端部向内侧或外侧凸，后者指在管的圆周方向形成隆起的或凹槽的管件。

（6）带卷边和封底类的管件，增加管端总强度，向管的外侧或内侧卷边或将管件端部封住的管件。

（7）扩径管件，按照要求将管件端部或某部位扩大形成各种形状的管件；管件的加工方法也有很多种。很多还属于机械加工类的范畴，用得最多的是冲压法、锻压法、滚轮加工法、滚轧法、鼓胀法、拉伸法、弯曲成形法和组合加工法。管件加工是机械加工和金属压力加工的有机结合。

鼓胀法：一种方法是在管道内放置橡胶，上方用冲子压缩，使管道突出成形；另一种方法是液压鼓胀成形，在管道中部充入液体，靠液体压力把管道鼓胀成所需要的形状，常用的波纹管的生产大部分是使用这种方法。

锻压法：用型锻机将管道端部或一部分予以"冲伸"，使外径减少，常用型锻机的种类有旋转式、连杆式、滚轮式。

滚轮加工法：在管内放置芯轴，外周用滚轮推压，用于圆缘加工。

滚轧法：一般不用芯轴，适合于厚壁管内侧圆缘。

弯曲成形法：有三种方法较为常用，即伸展法、冲压法、滚轮法，有 3 ~ 4 个辊：2 个固定辊，1 个调整辊，通过调整固定辊距，以弯曲管件。这种方法应用得较广，生产螺旋管时，曲率还可增大。

冲压法：在冲床上用带锥度的芯轴将管端扩到要求的尺寸和形状。

2. 使用要求

（1）管件包括弯头、三通、异径管。异径管按大头口径计算，三通按主管口径计算。

（2）定额内容包括管道支架、设备支架和各种套管制作安装、阻火圈安装，以及管道水压试验、管道消毒、冲洗、成品表箱、预留孔洞、堵洞眼、机械钻孔、剔堵槽沟等项目。

（3）管道支架制作安装项目，适用于室内、外管道的管架制作与安装。

（4）管道支架采用木垫式、弹簧式管架时，支架中的弹簧减振器、滚球、本垫等成品件量应计入交付安装。

（5）成品管卡安装项目，安装工程量其材料数量按实计入。适用于与各类管道配套的立、支管成品管卡的安装。

（6）刚性防水套管和柔性防水管套安装项目中，包括了配合预留孔洞及浇筑混凝土工作内容。一般套管制作安装项目，均未包括孔洞工作，发生时按所列预留孔洞项目另行计算。

（7）套管制作安装项目已包含堵洞工作内容，适用于管道在穿墙、楼板不安装套管时的洞口封堵。

（8）套管内填料按油麻编制，如与设计不符时，可按工程要求调整换算填料。

（9）保温管道穿墙、板采用套管时，按保温层外径规格执行套管相应项目。

（10）管道保护管是指在管道系统中，为避免外力（荷载）直接作用在介质管道外壁上，造成介质管道受损而影响正常使用，需在介质管道外部设置的保护性管段。

（11）水压试验项目仅适用于因工程需要而发生且非正常情况的管道水压试验。管道安装定额中已经包括了规范要求的水压试验，不得重复计算。

（12）因工程需要再次发生管道冲洗时，执行消毒冲洗定额项目，同时扣减定额中漂白粉消耗量，其他消耗量乘以系数0.6。

（13）成品表箱安装适用于水表、热量表、燃气表的表箱安装。

（14）机械钻孔项目是按混凝土墙体及混凝土楼板考虑的，厚度系数综合取定。如实际墙体厚度超过300mm，楼板厚度超过220mm时，按相应项目乘以系数1.2。砖墙及砌体墙钻孔按机械钻孔项目乘以系数0.4。

3. 计量方法

（1）管道、设备支架制作安装。按设计图示单件重量，以"100kg"为计量单位。

（2）成品管卡安装、阻火圈安装、成品防火套管安装。按工作介质管道直径，区分不同规格以"个"为计量单位。

（3）管道保护管制作与安装。分为钢制和塑料两种材质，区分不同规格，按设计图示管道中心线长度以"10m"为计量单位。

（4）预留孔洞、堵洞项目。按工作介质管道直径，分规格以"10个"为计量单位。

（5）管道水压试验、消毒冲洗。按设计图示管道长度，分规格以"100m"为计量单位。

（6）一般穿墙套管，以及柔性、刚性套管。按介质管道的公称直径执行定额子目。

（7）成品表箱安装。按箱体半周长以"个"为计量单位。

（8）机械钻孔项目。区分混凝土楼板钻孔及混凝土墙体钻孔，按钻孔直径以"10个"为计量单位。

（9）剔堵槽沟项目。区分砖结构及混凝土结构，按截面尺寸以"10m"为计量单位。

4. 管件制作计算规则

（1）碳钢板管件制作、不锈钢板管件制作、铝及铝合金板管件制作，以"t"计量，按设计图示质量计算。

（2）碳钢管虾体弯制作、中压螺旋卷管虾体弯制作、不锈钢管虾体弯制作、铝及铝合金管虾体弯制作、铜及铜合金管虾体弯制作、管道机械煨弯、管道中频煨弯、塑料管煨弯，以"个"为计量单位，按设计图示数量计算。

（3）管架制作安装。以"kg"为计量单位，按设计图示质量计算。

5. 实训练习

【例6-7】某建筑中排水立管穿楼板需设置阻火圈2个，阻火圈如图6-16所示，公称直径为DN100，试计算阻火圈制作安装工程量。

【解】（1）清单工程量。清单工程量计算规则：以"个"计量，按设计图示数量计算。

DN100阻火圈工程量=2（个）。

（2）定额工程量。定额工程量同清单工程量。

【小贴士】式中"2"为DN100阻火圈数量。

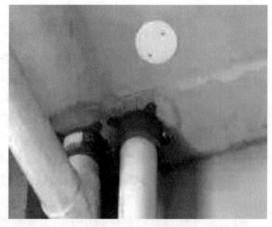

图6-16 阻火圈

（3）计价。套用《河南省通用安装工程预算定额》（HA-02-31-2016）中子目10-11-114，见表6-9。

表6-9 管件制作 （单位：副）

定额编号	10-11-113	10-11-114	10-11-115	10-11-116	10-11-117
项目	公称直径（mm以内）				
	75	100	150	200	250
基价/元	26.53	28.47	32.42	42.66	58.91
其中 人工费/元	11.63	12.90	15.48	19.37	25.80
材料费/元	8.72	8.72	8.72	13.01	19.39
机械使用费/元	—	—	—	—	—
其他措施费/元	0.46	0.51	0.61	0.76	1.02
安文费/元	0.95	1.05	1.26	1.58	2.10
管理费/元	2.34	2.59	3.11	3.89	5.19
利润/元	1.20	1.33	1.60	2.00	2.67
规费/元	1.23	1.37	1.64	2.05	2.74

计价：$2 \times 32.42 = 64.84$（元）。

6.4 无损探伤及热处理

1. 概念

无损探伤是在不损坏工件或原材料工作状态的前提下，对被检验部件的表面和内部质量进行检查的一种测试手段。无损探伤如图6-17所示。

无损探伤检测是利用物质的声、光、磁和电等特性，在不损害或不影响被检测对象使用性能的前提下，检测被检对象中是否存在缺陷或不均匀性，给出缺陷大小、位置、性质和数量等信息。与破坏性检测相比，无损探伤检测有以下特点：第一是具有非破坏性，因为在做检测时不会损害被检测对象的使用性能；第二是具有全面性，由于检测是非破坏性，因此必要时可对被检测对象进行100%的全面检测，这是破坏性检测办不到的；第三是具有全程性，破坏性检测一般只适用于对原材料进行检测，如机械工程中普遍采用的拉伸、压缩、弯曲等，对于成品和在用品，除非不准备让其继续"服役"，否则是不能进行破坏性检测的，而无损检测因不损坏被检测对象的使用性能，所以不仅可对制造用原材料、各中间工艺环节，至最终产成品进行全程检测，也可对服役中的设备进行检测。

无损探伤设备可供造船、石油、化工、

图6-17 无损探伤

机械、航天、交通和建筑等工业部门检查船体、管道、高压容器、锅炉、飞机、车辆和桥梁等材料与零部件加工焊接质量，以及各种轻金属、橡胶、陶瓷等加工件的成品质量。

常用的无损探伤方法有：X光射线探伤、超声波探伤、磁粉探伤、渗透探伤、涡流探伤、荧光探伤、着色探伤等方法。

热处理是指材料在固态下，通过加热、保温和冷却的手段，以获得预期性能的一种金属热加工工艺。热处理工艺一般包括

图6-18 焊口热处理

加热、保温、冷却三个过程，有时只有加热和冷却两个过程。这些过程互相衔接，不可间断。加热是热处理的重要工序之一。焊口热处理如图6-18所示。

2. 使用要求

（1）定额内容包括管材表面无机检测、焊缝无损检测、焊口预热及后热、焊口热处理、硬度测定、光谱分析。

（2）定额不包括以下工作内容。

1）固定射线检测仪器使用的各种支架制作。

2）超声波检测对比试块的制作。

（3）电加热片、电阻丝、电感应预热及后热项目，如设计要求焊后立即进行热处理，预热及后热项目定额乘以系数0.87。

（4）无损探伤定额已综合考虑了高空作业"降效"因素。

（5）电加热片是按履带式考虑的，实际与定额不同时可替换。

（6）管道对接焊接过程中的渗透探伤检验及管材表面的渗透探伤检验，执行渗透探伤定额。

（7）探伤项目包括固定探伤仪支架的制作、安装。

3. 无损探伤及热处理计算规则

（1）管材表面超声波探伤、管材表面磁粉探伤。

1）以"米（m）"计量，按管材无损探伤长度计算。

2）以"平方米（m²）"计量，按管材表面探伤检测面积计算。

（2）焊缝X射线探伤、焊缝γ射线探伤，以"张（口）"计量，按规范或设计技术要求计算。

（3）焊缝超声波探伤、焊缝磁粉探伤、焊缝渗透探伤，以及焊前预热、后热处理、焊口热处理，以"口"计量，按规范或设计技术要求计算。

第7章　消防工程

7.1　水灭火系统

1. 水灭火系统的基础知识

水是生活中最常用的灭火剂。水灭火系统也是应用最广泛的灭火系统，用水灭火，不仅器材简单、价格便宜，而且灭火效果好。

水灭火系统基础知识介绍如下：

（1）自动喷水灭火系统是指按照适当的高度和间距装置一定数量喷头的水灭火系统。组成自动喷水灭火系统的喷头、报警阀、警铃、水流指示器等专用产品统称系统组件。

（2）喷头是在系统中担负着探测火灾、启动系统和喷水灭火的部件，类型有闭式和开式喷头。

（3）报警阀是自动喷水灭火系统中接通或者切断水源启动报警器的装置。

（4）水流指示器具有报告火灾发生的位置的作用。水流指示器传递的电信号就是报警的位置。当值班人员接到报警信号后，因为要确认火灾是否真实发生，所以要知道报警的具体位置，从而精准、快速地现场确认火灾是否真实发生。

（5）湿式喷水灭火系统是指由湿式报警装置、闭式喷头和管道等组成，并且在报警阀的上、下管道内经常充满压力水的灭火系统。

（6）湿式报警阀是指只允许水流单方向流入喷水系统，并且可以在水流作用下报警的止回阀门。

（7）具有释放机构的洒水喷头是闭式喷头。按照不同的安装方式可以分为吊顶型、直立型、下垂型、边墙型四种形式。

（8）干式喷水灭火系统是指由干式报警装置、管道、闭式喷头、充气设备等组成，在报警阀上部管道内充满有压气体的灭火系统。

（9）利用两侧气压和水压作用在阀瓣上的力矩差来控制阀瓣开、关的专用阀门称为干式报警阀。

（10）雨淋喷水灭火系统是指由火灾探测系统、开式喷头、雨淋阀和管道等组成，发生火灾时，管道内给水是通过火灾探测系统控制雨淋阀来实现，并且设有手动开启阀门装置的灭火系统。

（11）消火栓是指与供水管路相连接，由阀门、出水口等组成的消防供水装置，有室内消火栓和室外消火栓。

（12）当室内消防水泵发生故障，或者遇到大火，室内消防用水不足时，供消防车从室外消火栓取水，并且将水送到室内消防给水管网，供灭火使用的装置，称为消防水泵接合器。消防水泵接合器有墙壁式、地上式、地下式三种形式。

2. 定额模式下水灭火系统工程的划分

水灭火系统工程定额模式下共分为 13 个项目，包括：水喷淋钢管，消火栓钢管，水喷淋（雾）喷头，报警装置，水流指示器，温感式水幕装置安装，减压孔板，末端试水装置，集热板，消火栓，消火水泵接合器，灭火器，消火水炮。

具体工作内容如下。

（1）管道的安装。

1）镀锌钢管（螺纹连接）安装的工作内容包括：检查及清扫管材、切管、套丝、调直、管道及管件安装、丝口刷漆、水压试验、水冲洗。

2）镀锌钢管（法兰连接）安装的工作内容包括：检查及清扫管材、切管、坡口、对口、调直、焊接法兰、拧紧螺栓、加垫、管道及管件预安装、拆卸、二次安装、水压试验、水冲洗。

（2）系统组件的安装。

1）水喷淋（雾）喷头安装的工作内容：外观检查、管口套丝、管件安装、丝堵拆装、喷头追位及安装、装饰盘安装、喷头外观清洁。

2）报警装置安装的工作内容：外观检查、切管、坡口、组对、法兰安装、拧紧螺栓、临时短管装拆、整体组装、部件及配管安装、报警阀泄放试验管安装、报警装置调试。

3）温感式水幕装置安装的工作内容：管件检查、切管、套丝、上零件、管道安装、本体组装、球阀及喷头安装、调试。

4）水流指示器的安装。

①沟槽法兰连接水流指示器安装的工作内容：外观检查、功能检测、切管、坡口、法兰安装、拧紧螺栓、临时短管装拆、安装及调整、试验后复位。

②马鞍形连接水流指示器安装工作内容：外观检查、功能检测、开孔、安装、拧紧螺栓、卡子固定、调整、试验后复位。

（3）其他组件的安装。

1）减压孔板安装的工作内容：外观检查、切管、坡口、焊法兰、减压孔板预安装拆除、二次安装。

2）末端试水装置安装的工作内容：外观检查、切管、套丝、上零件、整体组装、一次水压试验、放水试验。

3）集热板安装的工作内容：支架安装、整体安装固定等。

（4）消火栓安装。

1）室内消火栓安装的工作内容：外观检查、切管、套丝、箱体及消火栓安装、附件安装、水压试验。

2）室外消火栓安装。

①室外地下室消火栓、室外地上式消火栓。工作内容包括：砌支墩、外观检查、管口除沥青、法兰连接、拧紧螺栓、消火栓安装。

②消防水泵接合器安装。工作内容包括：砌支墩、外观检查、切管、法兰连接、拧紧螺栓、整体安装、充水试验。

（5）隔膜式气压水罐安装（气压罐）。工作内容包括：场内搬运、定位、焊法兰、制加垫、拧紧螺栓、充气定压、充水、调试。

（6）管道支吊架制作、安装。工作内容包括：切断、调直、煨制、钻孔、组对、焊接、安装。

（7）自动喷水灭火系统管网水冲洗。工作内容包括：准备工具和材料、制堵盲板、安装拆除临时管线、通水冲洗、检查、清理现场。

7.1.1　水喷淋钢管

1. 水喷淋钢管的概念

末端的排水管是喷淋管，是消防喷淋防火系统中重要的组成部分之一，通常与喷淋头及主干管道联合在一起使用。

2. 水喷淋钢管的使用要求

定额中的水喷淋钢管包括：镀锌钢管（螺纹连接）、镀锌钢管（法兰连接）、镀锌钢管（沟槽连接）三部分。

镀锌钢管的概念及基础知识。镀锌钢管（图 7-1）是一般钢管的冷镀管，是采用电镀工艺制成的，只是在钢管外壁镀锌，内壁是没有镀锌的。可以采用螺纹连接、法兰连接、沟槽连接等施工方法，管道强度较高。

图 7-1　镀锌钢管

管道的公称直径是管道或管件的公称通径，既不是管道的内径，也不是管道的外径，而是管道及管件的装配名义直径。一般用"DN"表示公称直径，单位为 mm。

图 7-2 为某卫生间需要镀锌钢管铺设大样图。

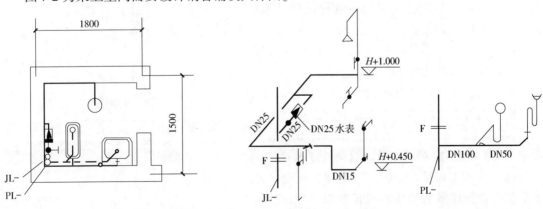

图 7-2　某卫生间大样图

3. 水喷淋钢管计算规则

按设计图示管道中心线以长度计算。

7.1.2 消火栓钢管

1. 消防管道的概念

消防管道是指用于消防用途、连接消防设备以及器材、输送用水、气体或者其他介质以便消防灭火的管道材料。

由于消防管道通常处于静止的状态，因此，对管道的要求相对比较严格，对管材的厚度与材质都有特殊的要求，管道的耐压力、耐腐蚀、耐高温性能要较好，并且管道需要喷涂红色的油漆。

2. 消火栓钢管分类及区别

定额中消火栓钢管的种类有：

（1）镀锌钢管（螺纹连接）。

（2）无缝钢管（焊接）。

另外，在消火栓系统中，消防管与喷淋管的区别有：

（1）消防管与喷淋管是两套不同的系统。消防管一般是指消火栓系统，消火栓系统又包括室内和室外两套系统；而喷淋管是指室内消防喷洒系统。两套系统需要分别进行设置，具有不同的组成部分。

（2）消火栓系统是用来给消火栓供水、灭火之用的，使用的是消防泵；而喷淋系统则通常是安装在屋顶上的喷淋头，使用的则是喷淋泵。

（3）消火栓的消防泵可以由消火栓按钮或者多线控制进行启动，而喷淋泵则是根据压力开关动作来启动的。两者是相互独立的关系，并且不可以共管。

3. 消火栓钢管计算规则

按设计图示管道中心线以长度计算。

4. 实训练习

消火栓钢管和水喷淋钢管计算规则一样，下面以水喷淋镀锌钢管为例进行计算。

【例 7-1】 如图 7-3 所示为某卫生间的洗脸池的一段管路的示意图，采用的是镀锌钢管给水，试计算工程量及综合单价。

【解】（1）清单工程量。清单工程量计算规则：按设计图示管道中心线以长度计算。

镀锌钢管 DN25：1.0 + 1.8 = 2.8（m）；

镀锌钢管 DN32：0.52 + 6.0 = 6.52（m）。

【小贴士】式中 "1.0、1.8、0.52、6.0" 为图中 DN25 和 DN32 的给水管标注的尺寸长度。

（2）定额工程量。定额工程量计算规则：管道安装按设计图示管道中心线长度以 "10m" 为计量单位，不扣除阀门、管件及各种组件所占

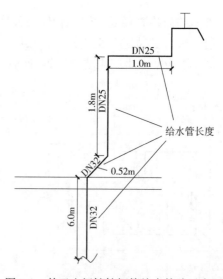

图 7-3　某卫生间镀锌钢管给水管路示意图

长度。

镀锌钢管 DN25：$1.0 + 1.8 = 2.8$（m）$= 0.28$（10m）。

镀锌钢管 DN32：$0.52 + 6.0 = 6.52$（m）$= 0.652$（10m）。

【小贴士】式中"1.0、1.8、0.52、6.0"为图中 DN25 和 DN32 的给水管标注的尺寸长度。

（3）计价。套用《河南省通用安装工程预算定额》（HA-02-31-2016）中子目 9-1-1 和 9-1-2，见表 7-1。

表 7-1　镀锌钢管（螺纹连接）　　　　　　　　　　（单位：10m）

定额编号	9-1-1	9-1-2	9-1-3	9-1-4	9-1-5	9-1-6	9-1-7
项目	公称直径（mm 以内）						
	25	32	40	50	65	80	100
基价/元	374.66	432.76	579.98	608.47	679.61	729.95	739.59
其中　人工费/元	235.22	270.98	364.53	383.39	427.24	458.19	463.49
材料费/元	11.89	12.97	14.92	15.16	19.54	21.45	23.57
机械使用费/元	2.74	4.81	6.47	6.26	5.85	6.88	6.35
其他措施费/元	9.25	10.67	14.38	15.09	16.81	18.03	18.24
安文费/元	19.15	22.10	29.78	31.25	34.83	37.36	37.78
管理费/元	47.22	54.48	73.42	77.06	85.88	92.10	93.14
利润/元	24.27	28.00	37.74	39.60	44.14	47.34	47.87
规费/元	24.92	28.75	38.74	40.66	45.32	48.60	49.15

计价：DN25 的基价 $= 0.28 \times 374.66 = 104.9048$（元），

　　　　DN32 的基价 $= 0.652 \times 432.76 = 282.1595$（元）。

5. 注意事项

（1）钢管、不锈钢管、铜管、铸铁管计算规则和镀锌钢管相同。

（2）地漏的高差一般设置为 0.4m。

（3）消火栓的安装高度一般为 1.1m。

7.1.3　喷头

1. 喷头的概念

喷头的作用是为了保证灭火剂以特定的射流形式喷出，促使灭火剂加速汽化，并且在保护空间内达到灭火的浓度。

2. 喷头的分类

（1）闭式喷头。闭式喷头是系统中的重要组件，在系统中担负着探测火灾、启动系统以及喷水灭火的关键任务。

闭式喷头是一种直接喷水灭火的组件，是由热敏感元件及其释放机封闭组件的自动喷头。当温度达到喷头的动作温度范围内，热敏感元件动作、释放机构脱离喷头主体，喷头开启，按一定的规定、形状和水量并在规定的保护面积内喷水灭火，其性能好坏直接关系着系统的启动和灭火、控火效果。

喷头按照感温元件的不同划分，可以划分为玻璃球喷头（图7-4）和易熔合金喷头（图7-5）两种类型；按照安装位置、形式以及布水形状又可以分为直立型、下垂型、边墙型、普通型，如图7-6所示。

a)　　　　　　b)　　　　　　c)　　　　　　d)

图 7-4　玻璃球喷头

a）玻璃球洒水喷头（上喷）　b）玻璃球洒水喷头（下喷）　c）玻璃球洒水喷头（侧喷）　d）玻璃球洒水喷头（开式）

图 7-5　易熔合金喷头

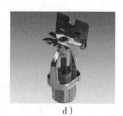

a)　　　　　　　b)　　　　　　　c)　　　　　　　d)

图 7-6　喷头实物图

a）下垂型洒水喷头　b）直立型洒水喷头　c）普通型洒水喷头　d）边墙型洒水喷头

（2）开式喷头。开式喷头就是指喷头没有玻璃珠或者易熔合金控制，管道供水后就可以工作洒水。常用于雨淋系统、水喷雾系统、水幕系统。报警阀组一般选用雨淋阀。

3. 喷头计算规则

按安装部位、方式、分规格以"个"为计量单位。喷头按设计图示数量计算。

7.1.4　报警装置

1. 报警装置的概念

报警装置是发生故障、事故或者危险情况时的信息显示装置。按使用的代码特点和接收信息的感觉通道性质，可以将其分为视觉报警器、听觉报警器、触觉报警器和嗅觉报警器等。其设计要求通常是：显示的报警信号有足够的强度，相对容易引起人的不随意注意，或者在形状上具有明显的特异性。

为了加强显示的可靠性，有时也可以采取双重显示，例如用视觉信号和听觉信号同时显示某种故障或事故的发生。

2. 报警装置的分类以及使用要求

定额中报警装置又可划分为湿式报警装置和其他报警装置。

（1）湿式报警装置。使水单向流动，依靠管网侧水压的降低而开启阀瓣，有一只喷头爆破就立即动作送水去灭火，并在水流作用下报警的设置。如图 7-7、图 7-8 所示。

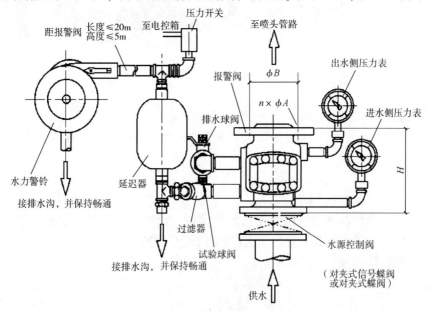

图 7-7　湿式报警阀组结构图

（2）其他报警装置。

其他报警装置包括电动雨淋、干湿两用及预作用报警装置。

3. 报警装置计算规则

报警装置分形式，按成套产品以"组"为计量单位。报警装置按设计图示数量计算。

7.1.5　试水装置

1. 末端试水装置的概念及其组成

末端试水装置是指安装在系统管网最不利点处喷头，用来检验系

图 7-8　湿式报警阀装置实物图

统启动、报警以及联动等功能的装置，如图 7-9 所示。自动喷水灭火系统末端试水装置是喷洒系统的重要组成部分。

末端试水装置由末端试水阀、压力表以及试水接头组成，末端试水装置实物图如图 7-10 所示。

末端试水阀是指关闭件（闸板）沿通道轴线的垂直方向移动的阀门，如图 7-11 所示。在管路上主要作为切断介质作用，即全开或全关使用。

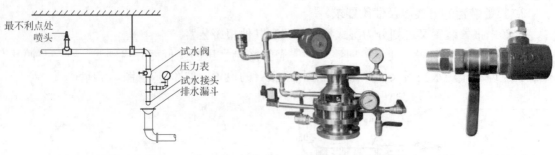

图 7-9　末端试水装置　　　图 7-10　末端试水装置实物图　　　图 7-11　末端试水阀

2. 试水装置计算规则

试水装置分规格以"组"为计量单位,末端试水装置按设计图示数量计算。

7.1.6　消火栓

1. 消火栓的概念

消火栓是消防水源的专用开关设备,起控制可燃物、隔绝助燃物、消除着火源的作用,可分为室内消火栓和室外消火栓。

2. 消火栓的使用要求

(1) 安装位置。

1) 消火栓一般安装在街道的两旁,以及公共场所、工业企业、仓库等的供水管路上。

2) 室内消火栓安装在室内消防箱内,与消防水带和水枪等器材配套使用,如图 7-12 所示。

(2) 室外消火栓又分为室外地上式消火栓和室外地下式消火栓,需要安装在室外的管路上,室外地上式消火栓可以露出地面,室外地下式消火栓则需要埋于地下。室外地上式消火栓和室外地下式消火栓如图 7-13、图 7-14 所示。

图 7-12　室内消火栓　　　图 7-13　室外地上式消火栓　　　图 7-14　室外地下式消火栓

3. 消火栓计算规则

室内消火栓、室外消火栓、消防水泵接合器分形式,按成套产品以"组"为计量单位。室内消火栓、室外消火栓、消防水泵接合器均按设计图示数量计算。

7.1.7 灭火器

1. 灭火器的概念及使用要求

（1）灭火器具是一种平时通常被人冷落，急需时又大显身手的消防必备之物。尤其是在高楼大厦林立之地，室内用大量木材、塑料、织物装潢，一旦有了火情，没有适当的灭火器具，很可能酿成大祸。常见灭火器如图 7-15 所示。

（2）灭火器是一种可携式灭火工具。灭火器内放置化学物品，用以救灭火灾。灭火器是常见的防火设施之一，存放在公众场所或者可能发生火灾的地方。不同种类的灭火器内装填的灭火剂成分会不一样，是专为应对不同起因的火灾而设，使用时必须注意，以免产生反效果，引起危险。

图 7-15　常见灭火器具

2. 灭火器的种类

（1）按其移动方式可分为手提式和推车式；按驱动灭火剂的动力来源可以分为：储气瓶式、储压式、化学反应式等类型。

（2）按所充装的灭火剂则又可分为：泡沫式、干粉式、卤代烷式、二氧化碳式、清水式等类型。

3. 灭火器的工程量计算规则

灭火器分形式以"具、组"为计量单位，按设计图示数量计算。

4. 实训练习

【例 7-2】如图 7-16 所示为某办公楼 1 层的灭火器配置图及消防疏散示意图，试计算灭火器以及带有自救卷盘并且明装的室内消火栓（消防栓）工程量及综合单价。

【解】（1）清单工程量。清单工程量计算规则：

1）灭火器按设计图示数量计算，分形式以"具、组"为计量单位。

手提式灭火器工程量 = 19（具）。

2）报警装置、室内消火栓、室外消火栓、消防水泵接合器均按设计图示数量计算。报警装置、室内消火栓、室外消火栓、消防水泵接合器分形式，按成套产品以"组"为计量单位。

室内消火栓的工程量 = 10（套）。

【小贴士】式中"19、10"为在灭火器配置图及消防疏散示意图中标示的灭火器以及消火栓的总数量。

（2）定额工程量。定额工程量同清单工程量。

（3）计价。

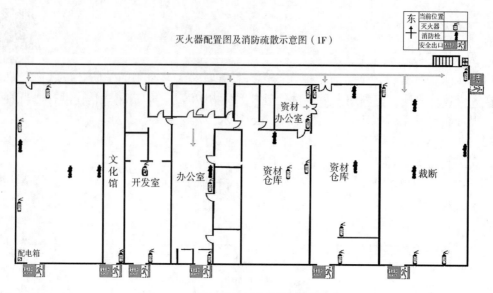

图 7-16　灭火器配置图及消防疏散示意图

1）灭火器部分套用《河南省通用安装工程预算定额》（HA-02-31-2016）中子目 9-1-99，见表 7-2。

表 7-2　灭火器　　　　　　　　　　　　　　（单位：具）

	定额编号	9-1-99	9-1-100
	项目	手提式	推车式（组）
	基价/元	1.82	6.47
其中	人工费/元	1.05	3.66
	材料费/元	0.07	0.07
	机械使用费/元	0.01	-
	其他措施费/元	0.05	0.20
	安文费/元	0.11	0.42
	管理费/元	0.26	1.04
	利润/元	0.13	0.53
	规费/元	0.14	0.55

计价：灭火器的基价 = 19 × 1.82 = 34.58（元）。

2）室内消火栓（明装）套用《河南省通用安装工程预算定额》（HA-02-31-2016）中子目 9-1-80，见表 7-3。

表 7-3　室内消火栓（明装）　　　　　　　　　（单位：套）

定额编号	9-1-77	9-1-78	9-1-79	9-1-80
项目	普通		自救卷盘	
	公称直径（mm 以内）			
	单栓 65	双栓 65	单栓 65	双栓 65

（续）

	基价/元	169.15	215.10	201.39	256.71
其中	人工费/元	106.80	136.22	127.93	163.42
	材料费/元	5.17	5.74	5.30	5.74
	机械使用费/元	0.27	0.46	0.27	0.46
	其他措施费/元	4.22	5.38	5.03	6.45
	安文费/元	8.73	11.15	10.42	13.36
	管理费/元	21.53	27.50	25.69	32.95
	利润/元	11.07	14.14	13.20	16.94
	规费/元	11.36	14.51	13.55	17.39

计价：室内消火栓的基价 = 10 × 256.71 = 2567.1（元）。

【拓展小结】水灭火系统的定额工程量计算规则。

（1）管道安装按设计图示管道中心线长度以"10m"为计量单位，不扣除阀门、管件及各种组件所占长度。

（2）管件连接分规格以"10个"为计量单位。沟槽管件主材费包括卡箍及密封圈，以"套"为计量单位。

（3）喷头、水流指示器、减压孔板、集热板按设计图示数量计算。按安装部位、方式、分规格以"个"为计量单位。

（4）报警装置、室内消火栓、室外消火栓、消防水泵接合器均按设计图示数量计算。报警装置、室内消火栓、室外消火栓、消防水泵接合器分形式，按成套产品以"组"为计量单位。

（5）末端试水装置按设计图示数量计算，分规格以"组"为计量单位。

（6）温感式水幕装置安装以"组"为计量单位。

（7）灭火器分形式以"具、组"为计量单位，按设计图示数量计算。

（8）消防水炮分规格以"台"为计量单位，按设计图示数量计算。

7.2 气体灭火系统

1. 气体灭火系统的概念

气体灭火系统是指用气体作为灭火剂进行灭火的系统。

平时灭火剂以液体、液化气体或气体状态存贮于压力容器内，灭火时以气体（包括蒸汽、气雾）状态喷射作为灭火介质，并且能在防护区空间内形成各方向均一浓度的气体，而且至少能保持该灭火浓度达到规范规定的浸渍时间，实现扑灭该防护区的空间（立体）火灾。

气体灭火系统主要用在不适于设置水灭火系统等其他灭火系统的环境中，例如计算机机房、重要的图书馆（档案馆）、移动通信基站（房）、UPS室、电池室和一般的柴油发电机房等。

2. 气体灭火系统的分类及构成

（1）气体灭火系统的分类（图7-17）。

注意：局部应用灭火系统只能用于扑灭表面火灾（包括固体表面火灾），不得用于扑灭深位火灾。

（2）气体灭火系统的构成。气体灭火系统一般由灭火剂瓶组、驱动气体瓶组、选择阀、单向阀、减压装置、驱动装置、连接管、喷嘴、信号反馈装置、控制盘、检漏装置、管路管件等部件构成。

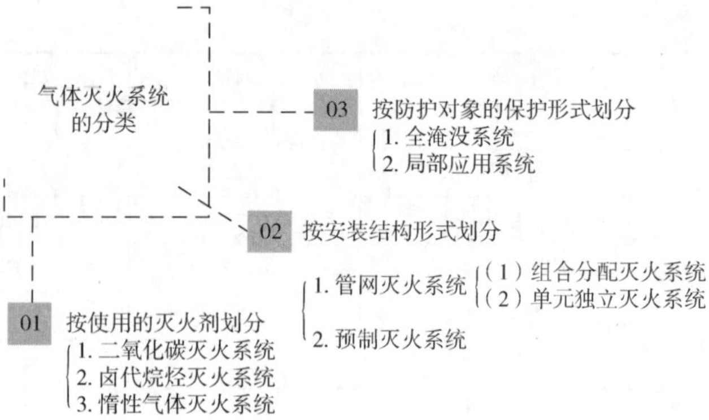

3. 气体灭火器计算规则

（1）以"副"为计量单位，法兰按设计图示数量计算。

（2）分规格、连接方式以"个"为计量单位，选择阀、气体喷头安装按设计图示数量计算。

（3）无缝钢管、不锈钢管、铜管、气体驱动装置以"m"为计量单位，按设计图示管道中心线长度以延长米计算，不扣除阀门、管件及各种组件所占长度。

（4）贮存装置安装以"套"为计量单位，按设计图示数量计算（包括灭火剂存储器、驱动气瓶、支框架、集流阀、容器阀、单向阀、高压软管和安全阀等储存装置和阀驱动装置）。

（5）二氧化碳称重检漏装置，以"套"为计量单位，按设计图示数量计算（包括泄露开关、配重、支架等）。

图 7-17 气体灭火系统的分类

气体灭火系统的分类
- 01 按使用的灭火剂划分
  - 1. 二氧化碳灭火系统
  - 2. 卤代烷烃灭火系统
  - 3. 惰性气体灭火系统
- 02 按安装结构形式划分
  - 1. 管网灭火系统
    - （1）组合分配灭火系统
    - （2）单元独立灭火系统
  - 2. 预制灭火系统
- 03 按防护对象的保护形式划分
  - 1. 全淹没系统
  - 2. 局部应用系统

7.2.1 无缝钢管

1. 无缝钢管的概念

无缝钢管是用实心管胚由整块金属制成的，周边没有接缝的钢管，称为无缝钢管。圆形无缝钢管如图 7-18 所示。

2. 无缝钢管的分类以及使用要求

（1）无缝钢管的分类。根据生产方法的不同，无缝钢管可以分为热轧钢管、冷轧钢管、冷拔钢管、挤压钢管、顶管等。按照横断面形状的不同，无缝钢管可以分为圆形钢管和异形钢管两种。异形钢管有方形、矩形、椭圆形、三角形、六角形、星形、带翅等多种复杂的形状。但是，在周长相等的情况下圆形面积最大，所以用圆形管可以输送相对较多的介质（液体）；同时，圆环截面在承受内部或者外部径向压力时受力比较均匀，因此，绝大多数钢管都是圆形管。但是，圆形钢管也有一定的局限性，

图 7-18 圆形无缝钢管

例如在平面弯曲的条件下，圆形管没有方形管和矩形管的抗弯强度高，因此一些农机具的骨

架、钢木家具就要根据不同的用途或者功能，采用相适应形状的钢管。

定额中，将无缝钢管分为中压加厚无缝钢管（螺纹连接）、钢制管件（螺纹连接）、中压加厚无缝钢管（法兰连接）。

（2）无缝钢管的使用。无缝钢管目前主要用来做一些石油地质钻探管、锅炉管、轴承管以及汽车、航空用高精度结构钢管。

但是与焊接钢管相比较，无缝钢管生产工序相对较多、难度大、价格昂贵、容易腐蚀、使用期寿命较短，还常易出现壁厚不均以及表面质量缺陷等问题。但一些管壁特别厚、特别薄但管径又特别细的钢管，以及对性能有着特殊要求的钢管，目前还只能用无缝的方法来生产。

3. 无缝钢管清单计算规则

以"米（m）"为计量单位，按设计图示管道中心线长度以延长米计算，不扣除阀门、管件及各种组件所占长度。

4. 无缝钢管定额计算规则

（1）管道安装按设计图示管道中心线长度，以"10m"为计量单位，不扣除阀门、管件及各种组件所占长度。

（2）钢制管件连接件分规格，以"10 个"为计量单位。

（3）中压加厚无缝钢管（法兰连接）定额包括管件及法兰连接，但管件、法兰数量应按设计用量另行计算，螺栓按设计用量加 3% 损耗计算。

7.2.2　不锈钢管

1. 不锈钢管的概念

不锈钢钢管是一种中空的长条圆形钢材，广泛用作石油、化工、医疗、食品、轻工、机械仪表等工业输送管道以及机械结构部件等。另外，在折弯、抗扭强度相同时，重量较轻，所以也广泛用于制造机械零件和工程结构，也可以作家具厨具等。不锈钢钢管如图 7-19 所示。

2. 不锈钢管清单计算规则

以"米（m）"为计量单位，按设计图示管道中心线长度以延长米计算，不扣除阀门、管件及各种组件所占长度。

3. 不锈钢管定额计算规则

（1）管道安装以"10m"为计量单位，按设计图示管道中心线长度计算。不扣除阀门、管件及各种组件所占长度。

（2）钢制管件连接分规格，以"10 个"为计量单位。

图 7-19　不锈钢管

7.2.3　气体喷头

1. 气体喷头（图 7-20）的用途

当某一地方发生火灾时，气体通过喷头喷出气体进行灭火。

2. 气体喷头的使用要求

（1）喷头的保护高度和保护半径，应符合下列要求。

1）最大保护高度不宜大于6.5m。

2）最小保护高度不应小于0.3m。

3）喷头安装高度小于1.5m时，保护半径不宜大于4.5m。

4）喷头安装高度不小于1.5m时，保护半径不应大于7.5m。

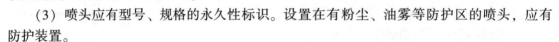

图7-20　气体喷头

（2）喷头宜贴近防护区顶面安装，距顶面的最大距离不宜大于0.5m。

（3）喷头应有型号、规格的永久性标识。设置在有粉尘、油雾等防护区的喷头，应有防护装置。

（4）喷头的布置应满足喷放后气体灭火剂在防护区内均匀分布的要求。当保护对象属可燃液体时，喷头射流方向不应朝向液体表面。

3. 气体喷头计算规则

（1）选择阀、气体喷头安装分规格、连接方式以"个"为计量单位，按设计图示数量计算。

（2）储存装置、称重检漏装置、无管网气体灭火装置，以"套"为计量单位，按设计图示数量计算。

4. 实训练习

【例7-3】如图7-21所示为某气体灭火系统中灭火剂储瓶和选择阀配备示意图，其中选择阀公称直径为50mm、螺纹连接；储瓶采用的是155L的储存容器。试计算其工程量以及选择阀的综合单价。

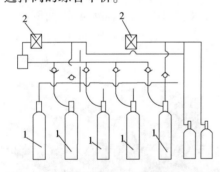

图7-21　灭火剂储瓶和选择阀配备示意图
1—灭火剂储瓶　2—选择阀

【解】（1）清单工程量。清单工程量计算规则：按设计图示数量计算。

选择阀清单工程量=2（个）。

储存瓶清单工程量=5（套）。

【小贴士】式中清单工程量计算数据皆根据题示及图示所得。

（2）定额工程量。定额工程量同清单工程量。

（3）计价。

1）套用《河南省通用安装工程预算定额》（HA-02-31-2016）中子目9-2-25，见表7-4。

表7-4　选择阀（螺纹连接）　（单位：个）

定额编号	9-2-22	9-2-23	9-2-24	9-2-25	9-2-26	9-2-27
项目	公称直径（mm以内）					
	25	32	40	50	65	80
基价/元	71.01	78.80	113.15	131.99	171.57	225.85

（续）

其中	人工费/元	37.99	40.15	59.70	67.84	80.29	102.00
	材料费/元	13.06	16.96	22.07	28.66	49.53	71.14
	机械使用费/元	0.77	1.12	1.20	1.20	1.28	1.28
	其他措施费/元	1.42	1.52	2.24	2.54	3.00	3.81
	安文费/元	2.95	3.16	4.63	5.26	6.21	7.89
	管理费/元	7.26	7.78	11.42	12.97	15.31	19.46
	利润/元	3.73	4.00	5.87	6.67	7.87	10.00
	规费/元	3.83	4.11	6.02	6.85	8.08	10.27

计价：$2 \times 131.99 = 263.98$（元）。

7.2.4　无管网气体灭火装置

1. 无管网气体灭火装置的组成

无管网气体灭火系统（又可称七氟丙烷灭火系统）一般是由气瓶柜（内设有气瓶、电磁阀以及喷头）、自动报警控制系统构成（包括控制器、感烟式和感温式探测器、声光报警器、手动报警器、手动控制按钮、自动报警按钮）。

2. 无管网气体灭火装置的原理及适用场所（图 7-22）

（1）灭火的原理。七氟丙烷在高温条件下发生物理、化学反应，进而分解出含氟的自由基，与燃烧过程中产生的支链反应的 H^+、OH^- 等活性自由基发生气相作用，中断燃烧链并抑制燃烧反应。此外，在七氟丙烷化学反应中的化学链断裂和汽化中吸收大量的热量可以冷却灭火。

图 7-22　无管网气体灭火装置

无管网气体灭火系统无色、无味，并且具有良好的清洁性，而且该系统在大气中完全消化、不留痕迹，同时具有良好的气相电绝缘性，无毒且不耗损大气的臭氧层。因此被广泛使用。

（2）适用的场所。各种类型计算机房、发电机房、机场、通讯光缆房、变配电房、电源机房等各类不适宜用水灭火的 A、B、C 类场所。

3. 无管网气体灭火装置计算规则

无管网气体灭火装置安装以"套"为计量单位，按设计图示数量计算。

7.3　泡沫灭火系统

1. 泡沫灭火系统的构成

泡沫灭火系统主要由泡沫消防泵、泡沫液储罐、泡沫比例混合器（装置）、泡沫产生装置、控制阀门及管道等组成。

2. 泡沫灭火系统的分类以及使用要求

（1）按所产生的泡沫的倍数划分。

1）低倍数泡沫灭火系统（发泡倍数在20倍以下）。

2）中倍数泡沫灭火系统（发泡倍数在20～200倍）。

3）高倍数泡沫灭火系统（发泡倍数在200倍以上）。

（2）按系统组件的安装方式划分。

1）固定式泡沫灭火系统。

2）半固定式泡沫灭火系统。

3）移动式泡沫灭火系统。

（3）按灭火范围不同划分。全淹没式泡沫灭火系统和局部应用式泡沫灭火系统。

（4）注意事项。按照泡沫液的发泡倍数不同，这三类系统又根据喷射方式的不同可以分为相应的液上喷液泡沫灭火系统和液下喷液泡沫灭火系统。

3. 泡沫灭火系统计算规则

泡沫发生器、泡沫比例混合器、泡沫液储罐均按不同型号以"台"为计量单位，按设计图示数量计算。

7.3.1　碳钢管

1. 碳钢管的概念

碳钢管具体材质是碳素钢，是用钢锭或实心圆钢经穿孔制成毛管，然后经热轧、冷轧或冷拔制成。碳钢管在我国钢管业中具有重要的地位。

2. 碳钢管的分类

碳钢管可以分为热轧碳钢管和冷轧（拔）碳钢管两类。

（1）热轧碳钢管分为一般钢管、高压锅炉钢管、低（中）压锅炉钢管、不锈钢管、合金钢管和其他钢管等。热轧碳钢管如图7-23所示。

（2）冷轧（拔）碳钢管除分为一般钢管、高压锅炉钢管、低（中）压锅炉钢管、不锈钢管、合金钢管、石油裂化管以及其他钢管之外，还包括碳素钢管、合金钢管、不锈钢薄壁钢管以及异型钢管。冷轧比热轧尺寸精度相对要高。冷轧（拔）碳钢管如图7-24所示。

图7-23　热轧碳钢管

图7-24　冷轧（拔）碳钢管

（3）一般用碳钢管时要保证强度以及压扁试验。热轧钢管要以热轧状态或者热处理状态交货；冷轧要以热处理状态交货。

3. 碳钢管计算规则

碳钢管以"米（m）"为计量单位，按设计图示管道中心线以长度计算。

4. 实训练习

【例 7-4】已知某工程按设计图示，需要安装碳钢管 15m，碳钢管的规格：273mm ×
8mm，试计算碳钢管清单工程量以及定额工程量。

【解】（1）碳钢管清单工程量计算见表 7-5。

表 7-5　碳钢管清单工程量计算

项目编码	项目名称	项目特征描述	计量单位	工程量
030903001001	碳钢管	碳钢管，规格：273mm ×8mm	m	15

（2）定额工程量计算规则：碳钢管按设计图示管道中心线以长度计算，计量单位：米
（m）。

碳钢管定额工程量 = 15（m）。

【小贴士】式中：工程量计算数据皆根据题示及图示所得。

7.3.2　不锈钢管

1. 不锈钢管的概念及其使用要求

不锈钢管是一种中空的长条圆形钢
材，在石油、化工、医疗、机械仪表、
轻工等工业输送管道以及机械结构部件
等应用广泛。另外，在抗弯、抗扭强度
相对强的同时，重量相对较轻，所以一
定程度上也广泛用于制造机械零件和工
程结构，也常用作家具、厨具等。不锈
钢管如图 7-25 所示。

图 7-25　不锈钢管

2. 工程量计算规则

（1）不锈钢管、铜管按设计图示管道中心线以长度计算，计量单位：米（m）。

（2）不锈钢管管件、铜管管件按设计图示数量计算，计量单位：个。

7.3.3　钢管

1. 钢管的概念

具有空心截面，其长度远大于其直径或者周长的钢材，称之为钢管。

2. 钢管的使用要求

（1）钢管不仅仅用于输送流体、粉状固体、交换热能、制造机械零件和容器，还是一
种经济钢材。用钢管制造建筑结构的网架、机械支架以及支柱，不仅可以减轻重量，还可以
节省 20 ~ 40% 的金属，而且还可以实现工厂化、机械化施工。另外用钢管制造公路桥梁，
不但可以节省钢材、简化施工，而且还可以减少涂保护层的面积，进一步节约投资和维护
费用。

（2）钢管相对于圆钢等实心钢材，在抗弯、抗扭强度相同时，质量相对较轻，称得上是一种经济截面钢材，所以钢管广泛应用于制造各种结构件、机械零件。钢管按照横截面形状的不同，又可以分为圆管和异形管。

3. 工程量计算规则

碳钢管按设计图示管道中心线以长度计算，计量单位：米（m）。

7.3.4 泡沫发生器

1. 泡沫发生器的概念

泡沫产生器是一种固定安装在油罐上，产生和喷射空气泡沫的灭火设备。

2. 泡沫发生器计算规则

泡沫发生器、泡沫比例混合器、泡沫液储罐均按不同型号以"台"为计量单位，按设计图示数量计算。

3. 实训练习

【例7-5】某一自动全淹没式灭火系统，原理图如图7-26所示，需要安装水轮机式、型号为PFS10的泡沫发生器，试计算泡沫发生器的工程量。

【解】（1）清单工程量。清单工程量计算规则：泡沫发生器、泡沫比例混合器、泡沫液储罐按设计图示数量计算，均按不同型号以"台"为计量单位。

泡沫发生器工程量＝11（台）

【小贴士】式中：工程量计算数据皆根据题示及图示所得。

（2）定额工程量。定额工程量计算规则：泡沫发生器、泡沫比例混合器安装按图示数量计算，均按不同型号以"台"为计量单位，法兰根据设计图纸要求另行计算材料费。

泡沫发生器工程量＝11（台）。

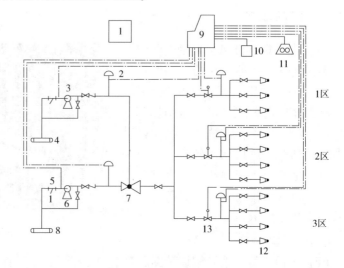

图7-26　自动全淹没式灭火系统工作原理图

1—手动控制器　2—压力开关　3—泡沫液泵　4—泡沫液罐　5—过滤器
6—水泵　7—比例混合器　8—水罐　9—自动控制箱　10—探测器
11—报警器　12—高倍数泡沫发生器　13—电磁阀

【小贴士】式中：工程量计算数据皆根据题示及图示所得。

【例7-6】已知某泡沫灭火装置构造示意图如图7-27所示，试计算泡沫发生器（泡沫发生器电动式、型号为PF20）、泡沫比例混合器（型号为PHY48/55）以及泡沫液储罐的工程量，并计算其综合单价。

【解】（1）清单工程量。清单工程量计算规则：泡沫发生器、泡沫比例混合器、泡沫液储罐按设计图示数量计算，均按不同型号以"台"为计量单位。

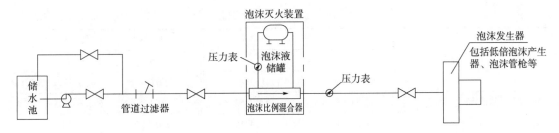

图 7-27 泡沫灭火装置构造示意图

泡沫发生器工程量 = 1（台），

泡沫比例混合器工程量 = 1（台），

泡沫液储罐工程量 = 1（台）。

【小贴士】式中：定额工程量计算数据皆根据题示及图示所得。

（2）定额工程量。定额工程量计算规则：泡沫发生器、泡沫比例混合器安装按设计图示数量计算，均按不同型号以"台"为计量单位，法兰根据设计图纸要求另行计算材料费。

泡沫发生器工程量 = 1（台），

泡沫比例混合器工程量 = 1（台），

泡沫液储罐工程量 = 1（台）。

【小贴士】式中：定额工程量计算数据皆根据题示及图示所得。

（3）计价。

1）泡沫发生器套用《河南省通用安装工程预算定额》（HA-02-31-2016）中子目 9-3-4 见表 7-6。

表 7-6 泡沫发生器 （单位：台）

定额编号		9-3-1	9-3-2	9-3-3	9-3-4	9-3-5
项目		水轮机式			电动机式	
		型号				
		PFS3	PF4PFS4	PFS10	PF20	BGP-200
基价/元		446.08	505.96	1260.64	2197.78	645.49
其中	人工费/元	267.09	305.78	678.41	1233.00	396.06
	材料费/元	20.09	20.17	70.70	97.31	21.95
	机械使用费/元	16.95	16.95	127.51	179.68	16.95
	其他措施费/元	10.52	12.04	28.45	50.95	15.60
	安文费/元	21.78	24.94	58.93	105.55	32.31
	管理费/元	57.31	61.49	145.29	260.22	79.65
	利润/元	27.60	31.60	74.68	133.75	40.94
	规费/元	28.34	32.45	76.67	137.32	42.03

计价：泡沫发生器的基价 = 1 × 2197.78 = 2197.78（元）。

2）泡沫比例混合器套用《河南省通用安装工程预算定额》（HA-02-31-2016）中子目 9-3-7 见表 7-7。

表 7-7　压力储罐式泡沫比例混合器　　　　　　　　（单位：台）

定额编号	9-3-6	9-3-7	9-3-8	9-3-9
项目	型号			
	PHY32/30	PHY48/55	PHY64/76	PHY72/110
基价/元	2554.91	3127.65	3681.44	4465.17
其中 人工费/元	1396.91	1714.19	2018.57	2424.73
材料费/元	186.78	225.25	305.50	387.99
机械使用费/元	196.35	237.09	244.42	310.45
其他措施费/元	57.40	70.46	82.45	99.42
安文费/元	118.91	145.96	170.79	205.94
管理费/元	293.17	359.85	421.08	507.74
利润/元	150.69	184.96	216.43	260.97
规费/元	154.70	189.89	222.20	267.93

　　计价：泡沫比例混合器的基价 $= 1 \times 3127.65 = 3127.65$（元）。

7.4　火灾自动报警系统

　　火灾自动报警系统具有能在火灾初期，将燃烧产生的烟雾、热量、火焰等，通过火灾探测器进一步变成电信号传输到火灾报警控制器，并同时以声、光的形式通知整个楼层进行疏散，并同时显示出火灾发生的部位、时间等，使人们能够及时发现火灾，及时采取有效措施，扑灭初期火灾，最大限度减少因火灾而造成的生命、财产损失，是人们同火灾做斗争的强有力工具。

1. 火灾自动报警系统的组成

　　火灾自动报警系统是由火灾探测触发装置、火灾报警控制器、火灾报警装置、消防联动控制装置以及具有其他辅助功能的装置组成的。

　　（1）火灾探测触发装置。在火灾自动报警系统中，触发装置（器）是指自动或者手动产生火灾报警信号的器件，主要包括火灾探测器以及手动火灾报警按钮。

　　1）火灾探测器。火灾探测器是火灾自动报警控制系统最为关键的部件之一，是通过探测物质燃烧过程中产生的烟雾、热量、火焰等物理现象来探测火灾，也是整个系统自动检测的触发器件，并且一定程度上能够不间断地监视、探测被保护区域的火灾初期信号。

　　火灾探测器的种类有很多，分类方法也各有千秋，但是常用的分类方法有探测区域分类法和探测火灾参数分类法等。

　　①探测区域分类法。按照火灾探测器的探测范围不同，可以将其分为点型火灾探测器和线型火灾探测器。

　　a. 点型火灾探测器：点型火灾探测器是指探测元件集中在一个特定的位置上，并且探测该区域位置周围火灾情况的装置，或者可以说是响应一个小型传感器附近的火灾特征参数的探测器。（"感烟的都是点型的"）

b. 线型火灾探测器：线型火灾探测器是一种响应某一连续路线附近监视现象的火灾参数探测器。这里所说的连续路线，既可以是"硬"线路，也可以是软线路。（"在桥架里布置的是线形感温探测器，红外对射也是线型的"）线性感温火灾探测器构造图如图 7-28 所示。

半分布式光纤线型感温火灾探测器如图 7-29 所示。

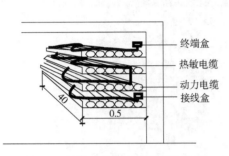

图 7-28　线性感温火灾探测器构造图

图 7-29　半分布式光纤线型感温火灾探测器

②探测火灾参数分类法。根据火灾探测器探测火灾参数的不同，可以将其分为感烟式、感温式、感光式和复合式等主要类型。

2）按钮安装。火灾报警按钮、消火栓报警按钮是火灾自动报警系统中的报警元件。火灾时打碎按钮表面玻璃或者用力压下塑料面，按钮便可以动作。

3）手动火灾报警按钮。主要安装在经常有人出入的公共场所中，明显以及便于操作的部位，如图 7-30 所示。

（2）火灾报警控制器。火灾报警控制器是火灾自动报警系统的关键，也可称之为"心脏"，它还可以向探测器供电，具备以下功能。

1）可用来接收火灾的探测信号，并且转化成声、光报警信号，进而启动火灾报警装置。该设备也可以指示着火的部位以及记录报警信息。

2）能够通过火警发送装置启动火灾报警信号，或者通过自动消防灭火控制装置启动自动灭火设备和消防联动控制设备。

3）自动监视系统的正确运行和一定程度上对特定故障给出声、光报警。

图 7-30　手动火灾报警按钮

火灾报警控制器如图 7-31 所示。

4）火灾报警控制器的安装方式。

①壁挂式，在墙上安装时，其底边距地（楼）面高度不应小于 1.5m。

②台式，底边高出地坪 0.1～0.2m。

③柜式，底边高出地坪 0.1～0.2m。

火灾报警控制器的主电源应该直接与消防电源相连接，严禁使用电源插头。控制器的接地，应该牢固，并且尽量有明显标志。电缆和导线间也应该留有 20cm 的余地。

图 7-31　火灾报警控制器

（3）火灾警报装置。在火灾自动报警系统中，用以接收、显示和传递火灾报警信号，并能发出控制信号和具有其他辅助功能的控制指示设备称为火灾报警装置。

火灾声光警报器如图7-32所示，警铃如图7-33所示。

图7-32　声光警报器　　　　　图7-33　警铃

2. 火灾自动报警系统的分类

火灾自动报警系统分为三类：区域火灾报警系统、集中火灾报警系统、控制中心式火灾报警系统。

（1）区域火灾报警系统。区域火灾报警系统是由区域火灾报警控制器和火灾探测器等组成的，或者是由火灾报警控制器和火灾探测器等组成的、功能简单的火灾自动报警系统。二级保护对象一般会采用区域火灾报警系统。

（2）集中火灾报警系统。集中火灾报警系统，由区域火灾报警控制器、火灾探测器和集中火灾报警控制器等组成，或者是由火灾报警控制器、火灾探测器、区域显示器等组成的、功能相对较复杂的火灾自动报警系统。这种系统适用于较大范围内的多个区域保护，一般是安装在消防控制室。

（3）控制中心式火灾报警系统。控制中心式火灾报警系统是由消防控制室的消防控制设备、集中火灾报警控制器、区域火灾报警控制器和火灾探测器等组成，或者是由消防控制室的消防控制设备、火灾报警控制器、区域显示器和火灾探测器等组成的、功能复杂的火灾自动报警系统。该系统的容量较大，消防设施控制功能较全，适用于大型建筑的保护。

3. 消防联动控制系统

（1）消防联动控制系统是指当确认火灾发生之后，联动启动各种消防设备，以便达到报警以及扑灭火灾的目的。消防联动控制系统如图7-34所示。

（2）发生火灾后，报警设备首先探知火灾的信号，然后传递给主机，主机接收到信号以后，按照设定程序进一步启动警铃、消防广播、排烟风机等设备，并切断非消防电源。

4. 火灾自动报警系统计算规则

（1）火灾报警系统按设计图示数量计算。

（2）点型探测器、按钮、模块及接口不分规格、型号、安装方式与位置，以"只""个"为计量单位，按设计图示数量计算。

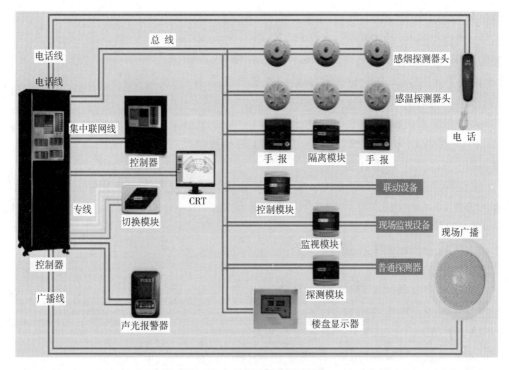

图 7-34 消防联动控制系统

（3）线性探测器依据探测器长度、信号转换装置数量、报警终端电阻数量分别以"米（m）""台""个"为计量单位，按设计图示数量计算。

（4）报警控制器、联动控制器、报警联动一体机、重复显示器、报警装置、远程控制器区分不同点数、安装方式，以"台"为计量单位，按设计图示数量计算。

5. 实训练习

【例7-7】某写字楼的二层大厅安装总线制火灾自动报警系统，其原理图如图7-35所示，该系统设置有12个感温探测器，5个手动火灾报警按钮，3个消防警铃，并且接于同一回路上，另有壁挂式报警控制器1台及报警备用电源及电池主机（柜）1台，试计算其工程量。

【解】（1）清单工程量。清单工程量计算规则：

1）火灾报警系统按设计图示数量计算。

2）点型探测器、按钮、模块及接口按设计图示数量计算，不分规格、型号、安装方式与位置，以"只""个"为计量单位。

3）线性探测器依据探测器长度、信号转换装置数量、报警终端电阻数量按设计图示数量计算，分别以"米（m）""台""个"为计量单位。

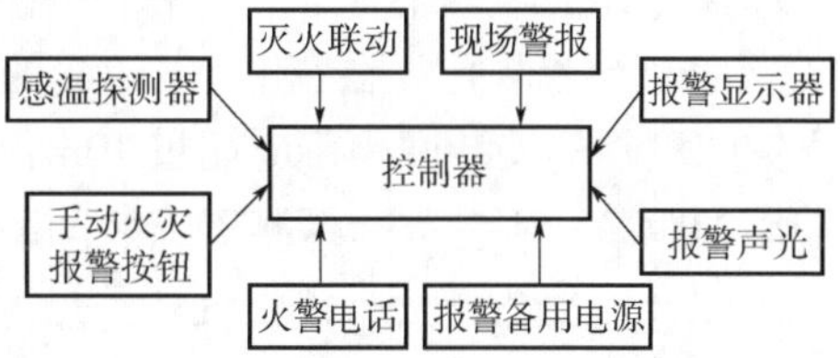

图 7-35 总线制火灾自动报警系统原理图

4）报警控制器、联动控制器、报警联动一体机、重复显示器、报警装置、远程控制器按设计图示数量计算，区分不同点数、安装方式，以"台"为计量单位。

感温探测器的工程量 = 12（个），

手动火灾报警按钮的工程量 = 5（个），

消防警铃的工程量 = 3（个），

壁挂式报警控制器的工程量 = 1（台），

报警备用电源及电池主机（柜）= 1（台）。

【小贴士】式中：工程量计算数据皆根据题示所得。

（2）定额工程量。定额工程量计算规则：

1）火灾报警系统按设计图示数量计算。

2）点型探测器、按钮、模块及接口按设计图示数量计算，不分规格、型号、安装方式与位置，以"只""个"为计量单位。

3）线性探测器依据探测器长度、信号转换装置数量、报警终端电阻数量按设计图示数量计算，分别以"米（m）""台""个"为计量单位。

感温探测器的工程量 = 12（个），

手动火灾报警按钮的工程量 = 5（个），

消防警铃的工程量 = 3（个），

壁挂式报警控制器的工程量 = 1（台），

报警备用电源及电池主机（柜）= 1（台）。

【小贴士】式中：工程量计算数据皆根据题示所得。

注：火灾报警控制器系统按系统布线形式分类。

（1）多线制火灾报警控制器，探测器与控制器的连接采用的是一一对应的方式。

（2）总线制火灾报警控制器，控制器与探测器采用总线方式连接，探测器并联或串联在总线上。

【例7-8】某藏书60万册的图书馆，其条形疏散走道宽度为2.1m，长度为51m，该走到吊顶上至少应设置多少个点型感烟火灾探测器，试计算其综合单价。

【解】（1）清单工程量。工程量计算规则：

1）点型探测器、按钮、模块及接口按设计图示数量计算，不分规格、型号、安装方式与位置，以"只""个"为计量单位。

2）线性探测器依据探测器长度、信号转换装置数量、报警终端电阻数量按设计图示数量计算，分别以"米（m）""台""个"为计量单位。

（2）计算规范。在宽度小于3m的内走道吊顶上设置点型探测器时，宜居中布置。感温火灾探测器的安装间距不应超过10m；感烟火灾探测器的安装间距不应超过15m；探测器至端墙的距离，不应大于探测器安装间距的1/2。

（3）本题中感烟探测器间距不应大于15m，左右两端至端墙的距离不大于7.5m，中间还有 51 − 7.5 × 2 = 36（m）的距离，需要2只探测器分为3段，总共需要4只探测器。

【小贴士】式中：工程量计算数据皆根据题示及计算规范所得。

（4）计价。套用《河南省通用安装工程预算定额》（HA-02-31-2016）中子目9-4-1见表7-8。

表7-8 点型探测器 （单位：个）

定额编号	9-4-1	9-4-2	9-4-3	9-4-4	9-4-5
项目	感烟探测器	感温探测器	红外光束探测器（对）	火焰探测器	可燃气体探测器

（续）

	基价/元	59.07	59.07	587.80	213.77	159.78
其中	人工费/元	36.80	36.80	367.69	122.64	36.80
	材料费/元	2.21	2.21	21.88	25.56	103.04
	机械使用费/元	0.18	0.18	2.80	0.41	0.06
	其他措施费/元	1.47	1.47	14.48	4.83	1.47
	安文费/元	3.05	3.05	29.99	10.00	3.05
	管理费/元	7.52	7.52	73.94	24.65	7.52
	利润/元	3.87	3.87	38.00	12.67	3.87
	规费/元	3.97	3.97	39.02	13.01	3.97

计价：点型感烟火灾探测器的基价 = 4 × 59.07 = 236.28（元）。

7.5　消防系统调试

1. 消防系统调试的概念

消防系统调试是指消防报警和防火控制装置灭火系统安装完毕且联通，并达到国家有关消防施工验收规范、标准，所进行的全系统监测、调整和试验。

2. 消防系统调试的不同类型以及使用要求

（1）自动报警系统。

1）消防控制中心联动报警主机，主备电源自动切换正常，主机各项功能符合设计及消防施工验收规范要求。

2）联动控制模块功能实验合格后，进行终端设备的单点启动实验，即：有关消防联动设备的电源控制柜全部转换到自动状态，消防中心主机发出单点启动命令后，相应的联动设备应能启动，并且设备启动后消防中心主机应能接收到设备的启动状态信号。然后进行其他设备 [包括照明（强切）、各种风阀、预作用电磁阀、电梯（迫降）等] 的启动试验。

（2）消防广播通信系统。

1）在模拟报警试验时，主机收到报警信号，通过值班人员手动关闭背景音乐，开启消防广播，通知报警层及上、下相邻层人员进行疏散。自动状态时，自动切换至消防广播状态，音量要求达到洪亮、音质清晰，符合设计要求。

2）各配电室、泵房内的消防电话分机和控制室进行通话时，主机应显示通话的部位，音质清晰、洪亮，用电话手柄插入手报电话插孔进行通话时，插拔灵活、通话清晰。

（3）自动喷洒系统。

1）当湿式报警系统末端放水后有水流通过，水流指示器动作，消防中控室接收后反馈信号，同时启动压力开关，联动喷洒泵。

2）当相应防火分区内任意探测器或手动报警按钮报警后，联动预作用系统末端快速排气阀进行系统管网排气，同时联动预作用报警阀上的 DC24V 电磁阀，进行报警阀卸水口放水卸压，阀门打开。当压力降到一定程度后，压力开关动作，联动喷洒泵。

（4）消火栓系统。按下任意一个消火栓按钮，经过消防中控室联动控制主机将自动启动消防泵。水泵启动后，消火栓按钮接收启泵信号，点亮水泵运行指示灯，消防中控室同时收到反馈信号。

（5）消防系统调试的准备工作。

1）调试前，按规范要求及现场实际情况需要调整相关组件、设施的参数和检查系统线路，对于错线、开路、虚焊和短路等应及时进行处理。

2）整理好各楼层平面图、系统图、接线图、安装图等施工图纸。

3）整理好设计变更记录，各种文件及与调试有关的技术资料。

4）整理好施工记录，包括隐蔽工程验收检查记录、中间验收检查记录，以及绝缘电阻、接地电阻的测试记录。

3. 消防系统调试计算规则

（1）自动报警系统调试，以"系统"为计量单位，按设计图示数量计算。

（2）水灭火控制装置调试，以"点"为计量单位，按控制装置的点数计算。

（3）防火控制装置调试，以"个（部）"为计量单位，按设计图示数量计算。

（4）气体灭火系统装置调试，以"点"为计量单位，按调试、检验和验收所消耗的试验容器总数计算。

4. 注意事项

定额工程量计算规则包括：

（1）自动报警系统调试区分不同点数根据集中报警器台数按"系统"计算。

自动报警系统包括各种探测器、报警器、报警按钮、报警控制器组成的报警系统，其点数按具有地址编码的器件数量计算。

火灾事故广播、消防通信系统调试按消防广播喇叭及音箱、电话插孔和消防通信的电话分机的数量分别以"10只"或"部"为计量单位。

（2）自动喷水灭火系统调试按水流指示器数量以"点（支路）"为计量单位。

消火栓灭火系统按消火栓启泵按钮数量以"点"为计量单位；消防水炮控制装置系统调试按水炮数量以"点"为计量单位。

（3）防火控制装置调试按设计图示数量计算。

（4）气体灭火系统装置调试按调试、检验和验收所消耗的试验容量总数计算，以"点"为计量单位。

气体灭火系统是由七氟丙烷、IG541、二氧化碳等组成的灭火系统，其调试按气体灭火系统装置的瓶头阀以"点"计算。

（5）电气灭火监控系统调试按模块点数执行自动报警系统调试相应子目。

5. 定额有关说明

（1）系统调试是指消防报警和防火控制装置灭火系统安装完毕且联通，并达到国家有关消防施工验收规范、标准，而进行的全系统监测、调整和试验。

（2）定额中不包括气体灭火系统调试试验时采取的安全措施，应另行计算。

（3）自动报警系统装置包括各种探测器、手动报警按钮和报警控制器；灭火系统控制装置包括消火栓、自动喷水、七氟丙烷、二氧化碳等固定灭火系统的控制装置。

（4）切断非消防电源的点数以执行切除非消防电源的模块数量来确定"点"数。

6. 实训练习

【例7-9】已知某工程设计图示，需要调试456点水灭火控制装置（自动喷水灭火系统），试计算水灭火控制装置调试的清单工程量、定额工程量以及综合单价。

【解】（1）水灭火控制装置调试清单工程量计算见表7-9。

表7-9 水灭火控制装置调试清单工程量计算

项目编码	项目名称	项目特征描述	计量单位	工程量
030905002001	水灭火控制装置调试	水灭火系统控制装置调试	点	456

（2）水灭火控制装置调试定额工程量：456（点）。

（3）计价。套用《河南省通用安装工程预算定额》（HA-02-31-2016）中子目9-5-12见表7-10。

表7-10 水灭火控制装置调试 （单位：点）

定额编号		9-5-11	9-5-12	9-5-13
项目		消火栓灭火系统	自动喷水灭火系统	消防水炮控制装置调试
基价/元		360.32	495.36	1109.88
其中	人工费/元	249.24	334.15	764.34
	材料费/元	3.01	7.09	15.76
	机械使用费/元	5.21	16.29	14.33
	其他措施费/元	7.62	10.21	23.37
	安文费/元	15.78	21.15	48.41
	管理费/元	38.92	52.15	119.35
	利润/元	20.00	26.80	61.34
	规费/元	20.54	27.52	62.98

计价：水灭火控制装置调试的基价 = 456 × 495.36 = 225884.16（元）。

【例7-10】某8层办公楼，消防工程的部分工程项目如下：

（1）消火栓灭火系统，地上式消防水泵结合器 DN100 = 6 套，室内消火栓（明装，自救卷盘单栓65）32套；4个蝶阀 DN120；镀锌钢管安装（螺纹连接）DN80 = 280m（管道穿墙处及穿楼板处采用一般钢套管，DN100 = 8m），DN50 = 60m；管道角钢支架质量为465kg。

（2）自动喷水灭火系统。水流指示器（沟槽法兰连接）DN100 = 12 个，湿式报警装置 DN150 = 4 组，自动喷水灭火系统调试200点。

（3）自动报警系统调试：点型感温探测器（总线制）= 140 个，消火栓报警按钮 = 32 个。

试计算其工程量。

【解】（1）清单工程量。

清单工程量计算规则：

1）自动喷水灭火系统调试按水流指示器数量以"点"为计量单位；消火栓灭火系统按消火栓启泵按钮数量以"点"为计量单位；消防水炮控制装置系统调试按水炮数量以"点"为计量单位。

2）气体灭火系统装置调试按调试、检验和验收所消耗的试验容量总数计算，以"点"

为计量单位。气体灭火系统调试，按气体灭火系统装置的瓶头阀以"点"计算。

（2）工程量计算如下。

1）室内消火栓镀锌钢管安装（螺纹连接）DN80管件安装工程量＝280（m）。管道穿墙处及穿楼板处采用一般钢套管DN100工程量＝8（m）。

2）室内消火栓镀锌钢管安装（丝接）DN50管件安装工程量＝60（m）。

3）蝶阀DN120工程量＝4（个）。

4）湿式报警装置DN150工程量＝4（组）。

5）水流指示器（沟槽法兰连接）DN100工程量＝12（个）。

6）室内消火栓（明装，自救卷盘单栓65）工程量＝32（套）。

7）地上式消防水泵结合器DN100工程量＝6（套）。

8）点型感温探测器（总线制）工程量＝140（个）。

9）消火栓报警按钮安装工程量＝32（个）。

10）自动报警系统调试256点以下工程量＝1（系统）。

11）水灭火控制装置系统调试200点工程量＝1（系统）。

第8章 给水排水、采暖、燃气工程

8.1 给水排水、采暖、燃气管道

8.1.1 镀锌钢管

1. 镀锌钢管的概念

镀锌钢管是使熔融金属与铁基体反应而产生合金层，从而使基体和镀层二者相结合。镀锌钢管分为冷镀锌钢管和热镀锌钢管。

热镀锌钢管广泛应用于建筑、机械、煤矿、化工、电力、铁道车辆、汽车工业、公路、桥梁、集装箱、体育设施、农业机械、石油机械、探矿机械等制造工业。

2. 镀锌钢管在施工现场的部分识图

镀锌钢管铺设示意图如图 8-1 所示，镀锌钢管现场实物图如图 8-2 所示。

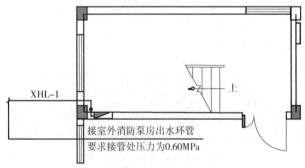

XHL-1

接室外消防泵房出水环管
要求接管处压力为0.60MPa

图 8-1 镀锌钢管铺设示意图

图 8-2 镀锌钢管现场实物图

3. 工程量计算规则

按设计图示管道中心线以长度计算。

4. 实训练习

【例 8-1】 如图 8-3 所示为一段供水管线管路图，采用镀锌钢管 DN50 螺纹连接铺设，试计算其工程量。

【解】 （1）清单工程量。

清单工程量计算规则：按设计图示管道中心线以长度计算。

$L = 2.5 + 4 + 2 + 0.3 = 8.8$ （m）。

【小贴士】 式中"2.5、2"为水平管道的长度，"4、0.3"为垂直管道的长度。

（2）定额工程量。定额工程量同清单工程量。

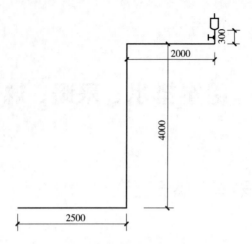

图 8-3　镀锌钢管供水管路图

（3）计价。套用《河南省通用安装工程预算定额》（HA-02-31-2016）中子目 10-1-17，见表 8-1。

表 8-1　室内镀锌钢管（螺纹连接）　　　（单位：10m）

定额编号	10-1-12	10-1-13	10-1-14	10-1-15	10-1-16	10-1-17
项目	公称直径（mm 以内）					
	15	20	25	32	40	50
基价/元	339.41	355.5	430.99	467.24	478.26	514.96
人工费/元	214.37	224.33	269.97	291.62	297.82	319.77
材料费/元	7.97	9	11.28	12.04	12.41	13.11
机械使用费/元	2.56	2.86	6.04	7.92	8.94	11.34
其中 其他措施费/元	8.48	8.84	10.67	11.53	11.79	12.65
安文费/元	17.57	18.31	22.1	23.89	24.41	26.2
管理费/元	43.33	45.14	54.48	58.89	60.19	64.6
利润/元	22.27	23.2	28	30.27	30.94	33.2
规费/元	22.86	23.82	28.75	31.08	31.76	34.09

计价：$8.8/10 \times 514.96 = 453.16$（元）。

5. 注意事项

钢管、不锈钢管、铸铁管、塑料管、复合管计算规则同镀锌钢管。

8.1.2　钢管

1. 钢管的概念与种类

钢管分无缝钢管和焊接钢管两大类。按断面形状又分为圆管和异形钢管等，广泛应用的是圆形钢管，但也有一些方形、矩形、半圆形、六角形、等边三角形、八角形等异形钢管。

（1）无缝钢管。无缝钢管是用钢锭或实心管坯经穿孔制成毛管，然后经热轧、冷轧（或冷拔）制成。无缝钢管的规格用"外径×壁厚（毫米数）"表示。

（2）焊接钢管。焊接钢管，又称焊管，是用钢板或钢带经过弯曲成型，然后经焊制而成。按焊缝形式分为直缝焊管和螺旋焊管。

2. 钢管现场实物图

钢管现场实物图如图 8-4 所示。

3. 钢管工程量计算规则

按设计图示管道中心线以长度计算。

8.1.3　不锈钢管

1. 不锈钢管的概念

不锈钢管是一种中空的长条圆形钢材，主要广泛用于石油、化工、医疗、食品、轻工、机械仪表等工业输送管道以及机械结构部件等。

2. 不锈钢管现场实物图

不锈钢管现场实物图如图 8-5 所示。

图 8-4　钢管现场实物图

图 8-5　不锈钢管现场实物图

3. 不锈钢管工程量计算规则

按设计图示管道中心线以长度计算。

8.1.4　铸铁管

1. 铸铁管的概念

铸铁管是用铸铁浇铸成型的管子。铸铁管用于给水、排水和煤气输送管线，包括铸铁直管和管件。按铸造工艺不同，分为砂磨浇铸、连续铸造和离心铸造等形式。按铸铁种类分为灰口铸铁管和球墨铸铁管。按接口形式不同分

图 8-6　铸铁管现场实物图

为柔性接口铸铁管、法兰接口铸铁管、自锚式接口铸铁管、刚性接口铸铁管等。按使用功能不同，分为给水铸铁管和排水铸铁管。其中，柔性铸铁管用橡胶圈密封；法兰接口铸铁管用法兰固定，内垫橡胶法兰垫片密封；刚性接口铸铁管，一般承口较大，直管插入后，要用水泥密封。

2. 铸铁管现场实物图

铸铁管现场实物图如图 8-6 所示。

3. 铸铁管工程量计算规则

按设计图示管道中心线以长度计算。

8.1.5 塑料管

1. 塑料管的概念

塑料管材是高科技复合而成的化学建材，而化学建材是继钢材、木材、水泥之后，当代新兴的第四大类新型建筑材料。塑料管材因具有水流损失小、节能、节材、保护生态、竣工便捷等优点，目前广泛应用于建筑给水排水、城镇给水排水以及燃气管道等领域。

2. 塑料管现场实物图

塑料管现场实物图如图 8-7 所示。

3. 塑料管工程量计算规则

按设计图示管道中心线以长度计算。

4. 实训练习

【例 8-2】如图 8-8 所示为某卫生间供水管路布置图，采用无规共聚聚丙烯（PP-R）给水管热熔连接铺设，墙厚 240mm，试计算其管道工程量。

【解】（1）清单工程量。清单工程量计算规则：按设计图示管道中心线以长度计算。

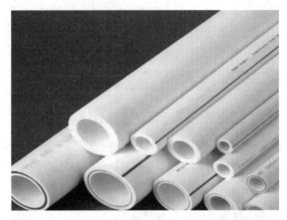

图 8-7 塑料管现场实物图

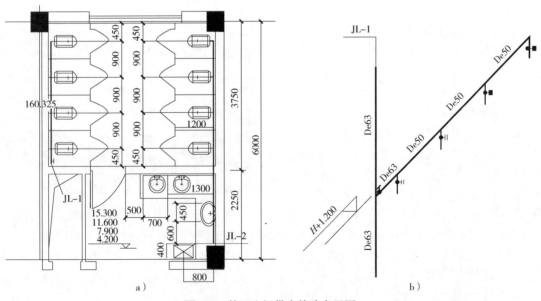

a)   b)

图 8-8 某卫生间供水管路布置图

a）卫生间平面图 b）给水系统原理图（JL-1）

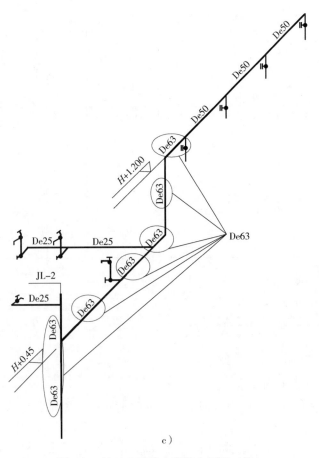

图 8-8　某卫生间供水管路布置图（续）

c）给水系统原理图（JL-2）

卫生间左边工程量：

管道 De63 = 0.45（m），

管道 De50 = 0.9×3 + 0.16×4 + 0.3×4 = 4.54（m）。

【小贴士】式中"0.45、0.9、0.16"为水平管道，"0.3"为卫生洁具的安装垂直高度。

卫生间右边工程量：

管道 De63 = (2.25 + 0.12 + 0.45 − 0.4) + 0.16 + 0.3 + (1.2 − 0.45) = 3.63（m）

管道 De50 = 0.9×3 + 0.16×4 + 0.3×4 = 4.54（m）

管道 De25 = (0.8 + 0.4 + 0.16 + 0.3) + (0.7 + 1.3 + 0.16×2 + 0.3×2) = 4.58（m）

【小贴士】式中"(2.25 + 0.12 + 0.45 − 0.4)""0.8 + 0.4""0.7 + 1.3""0.16"为水平管道，"0.3"为卫生洁具的安装垂直高度。

管道 De63 = 0.45 + 3.63 = 4.08（m），

管道 De50 = 4.54×2 = 9.08（m），

管道 De25 = 4.58（m）。

（2）定额工程量。定额工程量同清单工程量。

（3）计价。套用《河南省通用安装工程预算定额》（HA-02-31-2016）中子目 10-1-328、10-1-327、10-1-324，见表 8-2。

表 8-2　室内塑料给水管（热熔连接）　　　　　　（单位：10m）

定额编号	10-1-323	10-1-324	10-1-325	10-1-326	10-1-327	10-1-328
项目	公称外径（mm 以内）					
	20	25	32	40	50	63
基价/元	202.48	224.7	242.74	272.9	317.22	347.02
其中　人工费/元	130.93	145.41	156.99	176.45	205.43	224.42
材料费/元	1.5	1.68	1.97	2.36	2.55	3.08
机械使用费/元	0.12	0.12	0.12	0.14	0.21	0.21
其他措施费/元	5.18	5.74	6.2	6.96	8.08	8.84
安文费/元	10.73	11.89	12.84	14.42	16.73	18.31
管理费/元	26.46	29.32	31.65	35.54	41.25	45.14
利润/元	13.6	15.07	16.27	18.27	21.2	23.2
规费/元	13.96	15.47	16.7	18.76	21.77	23.82

计价：De63 = 4.08/10 × 347.02 = 141.58（元）；

De50 = 9.08/10 × 317.22 = 288.03（元）；

De25 = 4.58/10 × 224.7 = 102.91（元）。

8.1.6　复合管

1. 复合管的概念

复合管根据生产中添加金属材料的不同可分为钢塑复合管、塑覆不锈钢管、塑覆铜管、铝塑复合管、衬塑铝合金管和玻璃钢管。复合管一般分为 3 层，由工作层（要求耐水腐蚀）、支承层和保护层（要求耐腐蚀）组成。复合管的特点是重量轻，内壁光滑，阻力小，耐腐性能好。

复合管一般以金属作为支撑材料，内衬以环氧树脂和水泥为主。在市政排水系统中，较为常见的复合管是玻璃钢管。有以高强软金属作为支撑的，而非金属管在内外两侧，如铝塑复合管，它的特点是管道内壁不会腐蚀结垢，保证水质；也有金属管在内侧、非金属管在外侧，如塑覆铜管，这是利用塑料的导热性差起到绝热保温和保护作用。

2. 复合管构造及实物图

复合管构造示意图如图 8-9 所示，复合管现场实物图如图 8-10 所示。

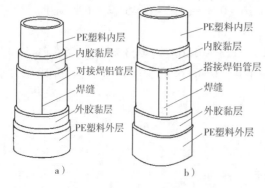

图 8-9　铝塑复合管构造示意图

a）对接焊式铝塑管　　b）搭接焊式铝塑管

图 8-10　复合管现场实物图

3. 复合管工程量计算规则

按设计图示管道中心线以长度计算。

4. 注意事项

（1）室内、外给水管道以建筑物外墙皮 1.5m 为界，建筑物入口处设阀门者以阀门为界。

（2）室内、外排水管道以出户第一个排水检查井为界。

（3）镀锌钢管（螺纹连接）项目适用于室内、外焊接钢管的螺纹连接。

（4）室外管道碰头项目适用于新建管道与已有水源管道的碰头连接，如已有水源管道已做预留接口，则不执行相应安装项目。

（5）各类管道安装工程量，均按设计管道中心线长度，以"10m"为计量单位，不扣除阀门、管件、附件（包括器具组成）及井类所占长度。

8.2　支架及其他

8.2.1　管道支架

1. 管道支架的概念

用于地上架空敷设管道支承的一种结构件。

2. 施工图识图

管道支架构造示意图如图 8-11 所示，管道支架现场实物图如图 8-12 所示。

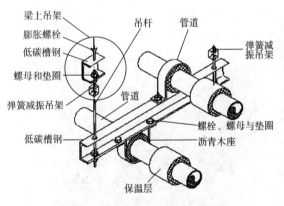

图 8-11　管道支架构造示意图

图 8-12　管道支架现场实物图

3. 管道支架工程量计算规则

（1）以"kg"为计量单位，按设计图示质量计算。

（2）以"套"为计量单位，按设计图示数量计算。

8.2.2　设备支架

1. 设备支架的概念

设备支架是承托管道等设备用的构件，是管道安装中的重要构件之一。根据作用特点分为活动式支架和固定式支架两种；从形式可分为托架、吊架和管卡三种。

2. 施工图识图

设备支架构造示意图如图 8-13 所示，设备支架现场实物图如图 8-14 所示。

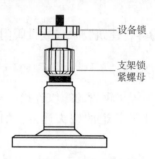

图 8-13　设备支架构造示意图　　　　图 8-14　设备支架现场实物图

3. 设备支架工程量计算规则

（1）以"kg"为计量单位，按设计图示质量计算。

（2）以"套"为计量单位，按设计图示数量计算。

8.2.3　套管

1. 套管的概念

套管通常用在建筑地下室，是用来保护管道或者方便管道安装的铁圈。套管的分类有刚性套管、柔性防水套管及钢管套管等。

2. 施工图识图

套管构造示意图如图 8-15 所示，套管现场实物图如图 8-16 所示。

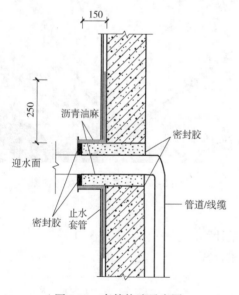

图 8-15　套管构造示意图　　　　图 8-16　套管现场实物图

3. 套管工程量计算规则

按设计图示数量计算。

4. 实训练习

【例 8-3】已知某建筑采用内外壁热浸镀锌无缝钢管卡箍连接安装，消火栓系统（原理图如图 8-17 所示）上的阀门采用球墨铸铁闸阀或对夹式蝶阀，求其管道附件工程量。

【解】（1）清单工程量。清单工程量计算规则：管道附件工程量按设计图示数量计算，管道支架按设计图示单件重量计算。

对夹式蝶阀 DN100 工程量 = 2（个）。

穿楼板套管 DN100 工程量 = 3（个）。

管道支架工程量 = [10.8 − (−0.3)] × 0.54 = 5.994（kg）

【小贴士】式中"−0.3""10.8"为标高。

（2）定额工程量。定额工程量同清单工程量。

（3）计价。套用《河南省通用安装工程预算定额》（HA-02-31-2016）中子目 10-5-70、10-11-30、10-11-1，见表 8-3、8-4、8-5。

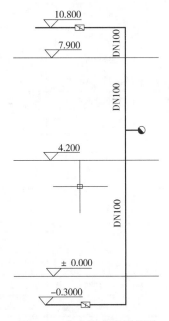

图 8-17　室内消火栓原理图

表 8-3　对夹式蝶阀安装　　　　　　　　　　　　　　　（单位：个）

定额编号	10-5-67	10-5-68	10-5-69	10-5-70	10-5-71
项目	公称直径（mm 以内）				
	50	65	80	100	125
基价/元	60.29	71.16	119.22	145.52	180.38
其中 人工费/元	27.11	33.53	56.75	70.96	83.86
材料费/元	17.24	17.9	30.11	34.21	35.99
机械使用费/元	1.53	1.89	2.18	2.64	13.9
其他措施费/元	1.07	1.32	2.24	2.79	3.45
安文费/元	2.21	2.74	4.63	5.79	7.16
管理费/元	5.45	6.75	11.42	14.27	17.64
利润/元	2.8	3.47	5.87	7.33	9.07
规费/元	2.88	3.56	6.02	7.53	9.31

计价：2 × 145.52 = 291.04（元）。

表 8-4　一般钢套管制作安装　　　　　　　　　　　　　（单位：个）

定额编号	10-11-30	10-11-31	10-11-32	10-11-33	10-11-34
项目	介质管道公称直径（mm 以内）				
	100	125	150	200	250
基价/元	84.69	113.15	140.03	166.39	177.4
其中 人工费/元	43.36	58.97	73.41	89.24	94.95
材料费/元	16.69	21.18	26.13	28.2	29.93
机械使用费/元	1.33	1.46	1.4	1.63	1.77

（续）

其中	其他措施费/元	1.73	2.34	2.9	3.51	3.76
	安文费/元	3.58	4.84	6	7.26	7.79
	管理费/元	8.82	11.93	14.79	17.9	19.2
	利润/元	4.53	6.13	7.6	9.2	9.87
	规费/元	4.65	6.3	7.8	9.45	10.13

计价：$3 \times 84.69 = 254.07$（元）。

表 8-5　管道支架制作　　（单位：100kg）

定额编号		10-11-1	10-11-2	10-11-3	10-11-4	10-11-5
项目		单件重量（kg 以内）				
		5	10	30	50	100
基价/元		1357.74	1138.73	984.31	860.04	803.91
其中	人工费/元	724.71	612.74	529.62	473.58	446.25
	材料费/元	46.16	34.27	31.14	24.51	21.97
	机械使用费/元	201.49	166	141.71	110.29	98.42
	其他措施费/元	28.55	24.13	20.88	18.64	17.58
	安文费/元	59.14	49.98	43.25	38.62	36.41
	管理费/元	145.81	123.24	106.63	95.22	89.77
	利润/元	74.94	63.34	54.81	48.94	46.14
	规费/元	76.94	65.03	56.27	50.24	47.37

计价：$5.994/100 \times 1357.74 = 81.383$（元）。

5. 注意事项

（1）管道支架制作安装项目，适用于室内、外管道的管架制作与安装。如单件质量大于 100kg 时，应执行设备支架制作安装相应子目。

（2）套管制作安装项目已包含堵洞内容。

（3）保温管道穿墙、板采用套管时，按保温层外径规格执行套管相应项目。

（4）成品表箱安装适用于水表、热量表、燃气表箱的安装。

8.3　管道附件

8.3.1　阀门

1. 阀门的概念

阀门是流体输送系统中的控制部件，具有截止、调节、导流、防止逆流、稳压、分流或溢流泄压等功能。用于流体控制系统的阀门，从最简单的截止阀到极为复杂的自控系统中所用的各种阀门，其品种和规格相当繁多。

阀门可用于控制空气、水、蒸汽、各种腐蚀性介质、泥浆、油品、液态金属和放射性介质等各种类型流体的流动。阀门根据材质还分为铸铁阀门、铸钢阀门、不锈钢阀门、铬钼钢阀门、铬钼钒钢阀门、双相钢阀门、塑料阀门、非标订制阀门等。

2. 阀门构造及实物图

阀门构造示意图如图 8-18 所示，阀门现场实物图如图 8-19 所示。

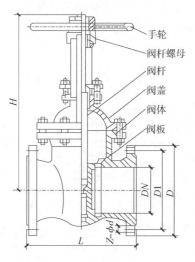

图 8-18　阀门实物图及构造示意图　　　　图 8-19　阀门现场实物图

3. 阀门工程量计算规则

按设计图示数量计算。

8.3.2　减压器

1. 减压器的概念

减压器是指把储存在氧气瓶内的高压氧气体，减压为气焊工作需要的低压氧的装置。

2. 减压器构造及实物图

减压器构造示意图如图 8-20 所示，减压器现场实物图如图 8-21 所示。

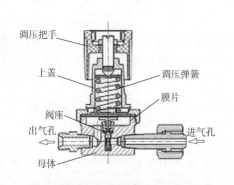

图 8-20　减压器构造示意图　　　　图 8-21　减压器现场实物图

3. 减压器工程量计算规则

按设计图示数量计算。

8.3.3 补偿器

1. 补偿器的概念

补偿器也称膨胀节，是一种弹性补偿装置，主要用来补偿管道或设备因温度影响而引起的热胀冷缩位移（有时也称为热位移）。

2. 补偿器构造图与实物图

补偿器构造示意图如图 8-22 所示，补偿器现场实物图如图 8-23 所示。

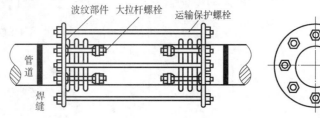

图 8-22　补偿器构造示意图

3. 补偿器工程量计算规则

按设计图示数量计算。

8.3.4 水表

1. 水表的概念

水表，是测量水流量的仪表。

2. 水表的种类

（1）螺翼式水表。螺翼式水表又称为伏特曼水表，是速度式水表的一种，适合在大口径管路中使用，其特点是流通能力大、压力损失小。

图 8-23　补偿器现场实物图

（2）旋翼式水表。旋翼式水表适用于小口径管道的单向水流总量的计量。如用口径 15mm、20mm 规格管道的家庭用水量计量。这种水表主要由外壳、叶轮测量机构和减速机构，以及指示表组成，具有结构简单的特点。旋翼式水表属于流量计的一种，包括不带输出的旋翼式水表和机械式样的旋翼式水表。

（3）智能水表。智能水表是一种利用现代微电子技术、现代传感技术、智能 IC 卡技术对用水量进行计量并进行用水数据传递及结算交易的新型水表。与传统水表一般只具有流量采集和机械指针显示用水量的功能相比，具有很大的进步。智能水表除了可对用水量进行记录和电子显示外，还可以按照约定对用水量进行控制，并且自动完成阶梯水价的水费计算，同时可以进行用水数据存储的功能。

（4）智能远传水表。智能远传水表是普通水表加上电子采集模块而组成，电子模块完成信号采集、数据处理、存储并将数据通过通信线路上传给中继器或手持式抄表器。表体采用一体设计，可以实时地将用户用水量记录并保存，每块水表都有唯一的代码，当智能水表接收到抄表指令后可即时将水表数据上传给管理系统。

3. 施工图识图

水表安装示意图如图 8-24 所示，水表实物图如图 8-25 所示。

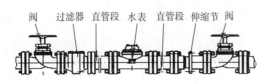

阀　过滤器　直管段　水表　直管段　伸缩节　阀

图 8-24　水表安装示意图　　　　　　　图 8-25　水表实物图

4. 水表工程量计算规则

按设计图示数量计算。

5. 注意事项

（1）电磁阀、温控阀安装项目包含了配合调试工作内容，不再重复计算。

（2）塑料排水管消声器安装按成品考虑。

（3）法兰式软接头安装适用于法兰式橡胶及金属挠性接头安装。

8.4　卫生器具

8.4.1　洗涤盆

1. 洗涤盆的概念

洗涤盆是用于洗菜的盆具，多用于厨房。

2. 现场施工图

洗涤盆现场实物图如图 8-26 所示。

3. 洗涤盆工程量计算规则

按设计图示数量计算。

8.4.2　化验盆

1. 化验盆的概念

化验盆是用于化验的盆具。

2. 现场施工图

化验盆现场实物图如图 8-27 所示。

3. 化验盆工程量计算规则

按设计图示数量计算。

图 8-26　洗涤盆现场实物图

8.4.3　大、小便器

1. 大、小便器的概念

用于大、小便的器具，多用于卫生间。

2. 大小便器实物图

大便器现场实物图如图 8-28 所示，小便器现场实物图如图 8-29 所示。

图 8-27　化验盆现场实物图

3. 大、小便器工程量计算规则

按设计图示数量计算。

8.4.4 淋浴间

1. 淋浴间的概念

用于淋浴的房间，多数安装在卫生间。

2. 淋浴间实物图

淋浴间现场实物图如图 8-30 所示。

3. 淋浴间工程量计算规则

按设计图示数量计算。

图 8-28　大便器现场　　图 8-29　小便器现场
　　　　　实物图　　　　　　　　实物图

8.4.5 给水排水附件

1. 给水排水附件的概念

给水管道附件是安装在管道及设备上的启闭和调节装置的总称。一般分为配水附件和控制附件两大类。配水附件如装在卫生器具及用水点的各种水嘴，用以调节和分配水流。控制附件用来调节水量、水压、判断水流、改变水流方向，如截止阀、蝶阀、闸阀、止回阀、浮球阀等。

2. 给水排水附件的种类

图 8-30　淋浴间现场实物图

（1）存水弯。存水弯指的是在卫生器具内部或器具排水管段上设置的一种内有水封的配件。

存水弯中会保持一定的水，可以将下水道下面的空气隔绝，防止臭气进入室内。存水弯分 S 型存水弯和 P 型存水弯，"S"和"P"表示存水弯的形状。

存水弯是建筑内排水管道的主要附件之一，有的卫生器具构造内已有存水弯（例如坐式大便器），构造中不具备者和工业废水受水器与生活污水管道或其他可能产生有害气体的排水管道连接时，必须在排水口以下设存水弯。其作用是在其内形成一定高度的水柱（一般为 50～100mm），该部分存水高度称为水封高度，它能阻止排水管道内各种污染气体以及小虫进入室内。为了保证水封正常功能的发挥，排水管道的设计必须考虑配备适当的通气管。存水弯的水封除因水封深度不够等原因容易遭受破坏外，有的卫生器具由于使用间歇时间过长，尤其是地漏，长时期没有补充水，水封水面不断蒸发而失去水封作用，这是造成臭气外逸的主要原因，有必要定时向地漏的存水弯部分注水，保持一定水封高度。

（2）检查口。检查口带有可开启检查盖的配件，装设在排水立管及较长横管段上，作检查和清通之用。

安装要求：检查口一般装于立管，供立管与横支管连接处有异物堵塞时清理，多层或高层建筑的排水立管上每隔一层就应装一个，检查口间距不大于10m。但在最底层和设有卫生器具的两层以上坡顶建筑物的最高层必须设置检查口，平顶建筑可用通气口代替检查口。另外，立管如装有"乙字管"，则应在"乙字管"上部设检查口。当排水横支管管段超过规定长度时，也应设置检查口。检查口设置高度一般从地面至检查口中心1m为宜。

（3）阻水圈。阻水圈是机械密封配件，起到防水作用；也是一种建筑上的工艺。

在管道穿楼板、墙体等结构时，在管道与墙体接触处安装，使管道与墙体接触密实，从而起到防水作用。

（4）雨水口。雨水口是指管道排水系统汇集地表水的设施，由进水箅、井身及支管等组成。分为偏沟式、平箅式和联合式。

（5）地漏。地漏是连接排水管道系统与室内地面的重要接口，作为住宅中排水系统的重要部件，它性能的好坏直接影响室内空气的质量，对卫浴间的异味控制非常重要。

3. 施工图识图

给水排水附件现场实物图如图8-31所示。

4. 给水排水附件工程量计算规则

按设计图示数量计算。

8.4.6 隔油器

1. 隔油器的概念

隔油器又称为餐饮油水分离器、油水分离器、油脂分离设备等，升级版隔油池又称为隔油提升一体化设备、分解提升型隔油器。

图8-31 给水排水附件现场实物图
a）存水弯 b）检查口

2. 构造图和实物图

隔油器构造示意图如图8-32所示，隔油器现场实物图如图8-33所示。

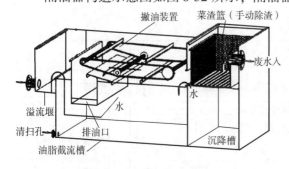

图8-32 隔油器构造示意图

图8-33 隔油器现场实物图

3. 隔油器工程量计算规则

按设计图示数量计算。

4. 注意事项

（1）各类卫生器具安装项目除另有标注外，均适用于各种材质。

（2）在图纸说明设计阻水圈、阻火圈的情况下计取。

（3）大、小便器冲洗（弯）管均按成品考虑。大便器安装已包括了柔性软接头或胶皮碗。

8.5 供暖器具

8.5.1 散热器

1. 散热器的概念

散热器是热水（或蒸汽）采暖系统中重要的、基本的组成部件。热水在散热器内降温（或蒸汽在散热器内凝结）向室内供热，以达到采暖的目的。散热器的金属耗量和造价在采暖系统中占有相当大的比例，因此，散热器的正确选用涉及系统的经济指标和运行效果。

2. 构造图、实物图

散热器构造示意图如图 8-34 所示，散热器现场实物图如图 8-35 所示。

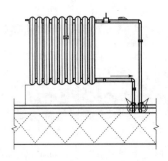

图 8-34　散热器构造示意图　　　图 8-35　散热器现场实物图

3. 散热器工程量计算规则

1）铸铁散热器。按设计图示数量计算。

2）钢制散热器。按设计图示数量计算。

3）其他成品散热器。按设计图示数量计算。

4）光排管散热器。按设计图示排管长度计算。

4. 实训练习

【例 8-4】某工程散热器采用内腔无粘砂铸铁散热器四柱760 型，安装图如图 8-36 所示，试求其散热器工程量。

【解】（1）清单工程量。清单工程量计算规则：按设计图示数量计算。

散热器 22 片 =2（组）。

散热器 9 片 =2（组）。

散热器 8 片 =2（组）。

【小贴士】式中"22、9、8"为散热器片数。

（2）定额工程量。定额工程量同清单工程量。

（3）计价。套用《河南省通用安装工程预算定额》（HA-

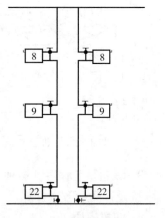

图 8-36　散热器安装图

02-31-2016）中子目 10-7-17、10-7-19，见表 8-6。

表 8-6　柱式散热器安装　　　　　　　　（单位：组）

定额编号	10-7-17	10-7-18	10-7-19	10-7-20
项目	散热器高度 1000mm 以内			
	单组片数（片以内）			
	10	15	25	35
基价/元	56.54	97.61	135.69	181.44
其中 人工费/元	28.73	52.55	77.39	101.65
材料费/元	12.55	16.78	16.99	25.45
机械使用费/元	0.17	0.17	0.17	0.17
其他措施费/元	1.12	2.08	3.05	4.01
安文费/元	2.32	4.31	6.31	8.31
管理费/元	5.71	10.64	15.57	20.5
利润/元	2.93	5.47	8	10.53
规费/元	3.01	5.61	8.21	10.82

计价：

散热器 22 片 = 2 × 135.69 = 271.38（元）。

散热器 9 片、8 片 =（2 + 2）× 56.54 = 226.16（元）。

8.5.2 暖风机

1. 暖风机的概念

暖风机是由通风机、电动机及空气加热器组合而成的联合机组。适用于各种类型的车间，当空气中不含灰尘和易燃或易爆性的气体时，可作为循环空气供暖用。暖风机可独立作为供暖用，一般用以补充散热器的不足部分或者利用散热器作为值班供暖，其余热负荷由暖风机承担。

2. 构造图、实物图

暖风机构造示意图如图 8-37 所示，暖风机现场实物图如图 8-38 所示。

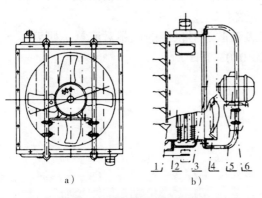

图 8-37　暖风机构造示意图

a）正视图　b）部分剖视图

1—集风器　2—加热器　3—集风器　4—叶轮

5—电动机　6—支架

图 8-38　暖风机现场实物图

3. 暖风机工程量计算规则

按设计图示数量计算。

8.5.3 地板辐射采暖

1. 地板辐射采暖的概念

低温热水地板辐射供暖是以不高于 60℃ 的热水作为热媒，将加热管埋设在地板中的低温辐射供暖。

2. 构造图、实物图

地板辐射采暖构造示意图如图 8-39 所示，地板辐射采暖现场实物图如图 8-40 所示。

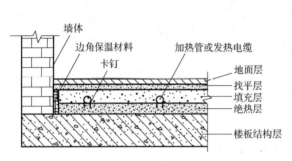

图 8-39　地板辐射采暖构造示意图　　　　图 8-40　地板辐射采暖现场实物图

3. 地板辐射采暖工程量计算规则

（1）以"m^2"计量，按设计图示采暖房间净面积计算。

（2）以"m"计量，按设计图示管道长度计算。

4. 注意事项

（1）各型散热器不分明装、暗装均按材质、类型执行同一定额子目。

（2）钢制板式散热器安装不论是否带对流片，均按安装形式和规格执行同一项目。钢制卫浴散热器执行钢制单板板式散热器安装定额项目。钢制扁管散热器分别执行单板、双板钢制板式散热器安装定额项目，其人工乘以系数 1.2。

（3）钢制翅片管散热器安装项目包括安装随散热器供应的成品对流罩，如工程不要求安装随散热器供应的成品对流罩时，每组扣减 0.03 工日。

8.6　燃气器具及其他

8.6.1　燃气热水锅炉

1. 燃气热水锅炉的概念

燃气热水锅炉是使用天然气、液化气、柴油等加热产生连续 70～95℃ 热水用于企业、事业单位、医院、学校的供暖、洗浴使用的热能设备。燃气热水锅炉可以分为常压热水锅炉和承压热水锅炉。承压热水锅炉对比常压热水锅炉而言，锅炉出水、回水温度较高，但是，针对供暖，热水温度一般在 40～50℃ 就已足够；洗浴用水温度一般在 45℃ 左右，已足够使用。因此，承压热水锅炉使用较少，常压燃气热水锅炉使用较多。

2. 实物图

燃气开水锅炉现场实物图如图 8-41 所示。

3. 燃气开水锅炉工程量计算规则

按设计图示数量计算。

8.6.2　燃气采暖炉

1. 燃气采暖炉的概念

燃气采暖炉是采暖系统的核心设备，是采暖中热量的供应源。由于在供暖系统中承担的角色比较重要，所以其技术难度比较大，价格也比较贵，而在安装方面，燃气采暖炉也需要按照相关的规范来施工，尤其是安装位置的选择，否则会对采暖炉使用的安全性和持久性造成影响。

图 8-41　燃气开水锅炉现场实物图

2. 燃气采暖炉的特点

燃气采暖炉不同于传统的燃气热水器，不过其也具有热水供应的功能，其最大的特点是既能够供应热水也能够提供采暖。燃气采暖炉现在已发展成为比较成熟的家庭采暖设备，目前正处于蓬勃发展的时期。燃气采暖炉包括一般燃气采暖炉和冷凝炉，其中冷凝炉使用了先进的冷凝技术，能够通过对余热的回收利用，达到提高热效率和节能的效果。与传统的采暖设备相比，燃气采暖炉的工作原理相对较复杂，可以通过其内部结构图进行了解。

3. 实物图

燃气采暖炉现场实物图如图 8-42 所示。

4. 燃气采暖炉工程量计算规则

按设计图示数量计算。

8.6.3　燃气表

1. 燃气表的概念

燃气表是计量燃气用量的仪表。为了适应燃气本身的性质和城市用气量波动的特点，燃气表应具有耐腐蚀、不易受燃气中杂质影响、量程宽和精度高等特点。其工作环境宜在 5℃ 以上，35℃ 以下。

使用管道燃气的用户均应设置燃气表。居住建筑应一户一表，使用小型燃气表，一般将表和用气设备一起布置在厨房内。小表可挂在墙上，距离地面 1.6 ~ 1.8m 处。燃气表到燃气用具的水平距离不得小于 0.8 ~ 1.0m。公共建筑至少每个用气单位设一个燃气表，因表尺寸较

图 8-42　燃气采暖炉现场实物图

大，流量大于 20m³/h 者，宜设在单独的房间内。布置时应考虑阀门便于启闭和计数。

2. 构造图、实物图

燃气表构造示意图如图 8-43 所示，燃气表现场实物图如图 8-44 所示。

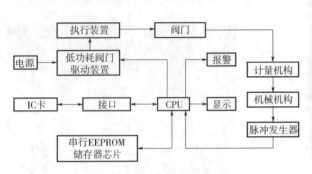

图 8-43　燃气表构造示意图　　　　　　　　　　图 8-44　燃气表现场实物图

3. 燃气表工程量计算规则

按设计图示数量计算。

8.6.4　燃气灶具

1. 燃气灶具的概念

燃气灶具，是指以液化石油气、人工煤气、天然气等气体燃料进行直火加热的厨房用具。燃气灶具又叫炉盘，其大众化程度可说是无人不知，但又很难见到一个通行的概念。如柴禾灶、煤油炉、煤球炉等。按气源划分，燃气灶主要分为液化气灶、煤气灶、天然气灶。按灶眼划分，分为单（眼）灶、双（眼）灶和多眼灶。

2. 构造图、实物图

燃气灶具构造示意图如图 8-45 所示，燃气灶具现场实物图如图 8-46 所示。

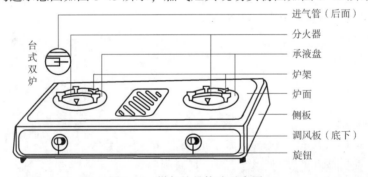

图 8-45　燃气灶具构造示意图

3. 燃气灶具工程量计算规则

按设计图示数量计算。

8.6.5　调压器

1. 调压器的概念

调压器是专指用于流体介质输送管道上的减压器。它具有阀门的特点，可以控制流体的通断和节

图 8-46　燃气灶具现场实物图

流；也具有自动控制元件的特点。它自身构成一个闭环控制系统。而且不需要其他的辅助能源，只取自流体本身的压力差（压力势能）作为操作能源。

2. **调压器的分类**

（1）自力式调压器。不需要辅助能源而依靠调节介质本身所提供能源进行调节和稳压的调压器。

（2）根据调压器的结构，常分为两种型式：直接作用式调压器和间接作用式调压器。直接作用式调压器和间接作用式调压器的主要区别在于，直接作用式调压器的传感单元同时又是调节单元的执行元件，其变化是以出口压力的变化直接驱动的；而间接作用式调压器的传感单元和执行元件是各自单独的，调节单元的变化是以负载压力来驱动的。

3. **构造图、实物图**

调压器构造示意图如图 8-47 所示，调压器现场实物图如图 8-48 所示。

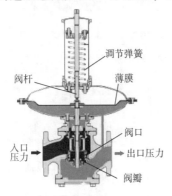

图 8-47　调压器构造示意图

图 8-48　调压器现场实物图

4. **调压器工程量计算规则**

按设计图示数量计算。

5. **注意事项**

（1）各种燃气炉（器）具安装项目，均包括本体及随炉（器）具配套附件的安装。

（2）燃气流量计适用于法兰连接的腰轮（罗茨）燃气流量计、涡轮燃气流量计。

（3）法兰式燃气流量计、流量计控制器、调压器、燃气管道调长器安装项目均包括与法兰连接一侧所用的螺栓、垫片。

（4）燃气管道引入口保护罩安装按分体型保护罩和整体型保护罩分别列项。砖砌引入口保护台及引入管的保温、防腐应执行其他相关定额。

8.7　医疗气体设备及附件

8.7.1　制氧主机

1. **概念**

工业制氧机分离空气主要由两个填满分子筛的吸附塔组成，在常温条件下，将压缩空气经过过滤，除水干燥等净化处理后进入吸附塔，在吸附塔中空气中的氮气等被分子筛所吸附，而使氧气在气相中得到富集，从出口流出贮存在氧气缓冲罐中，而在另一塔已完成吸附的分子筛被迅速降压，解析出已吸附的成分，两塔交替循环，即可得到纯度≥90%的廉价的氧气。整个系统的阀门自动切换均由一台电脑自动控制。

2. 实物图

制氧机现场实物图如图8-49所示。

3. 制氧机工程量计算规则

按设计图示数量计算。

8.7.2 气水分离器

1. 概念

气水分离器主要是用于工业含液系统中将气体和液体分离的设备，优点是除水效率高、体积小。

图8-49 制氧机现场实物图

2. 构造图、实物图

气水分离器构造示意图如图8-50所示，气水分离器现场实物图如图8-51所示。

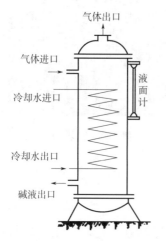

图8-50 气水分离器构造示意图

图8-51 气水分离器现场实物图

3. 气水分离器工程量计算规则

按设计图示数量计算。

8.7.3 空气过滤器

1. 概念

空气过滤器是空调净化系统的核心设备，过滤器对空气形成阻力，随着过滤器积尘的增加，过滤器阻力将随之增大。当过滤器积尘太多，阻力过高，将使过滤器的通过风量降低，甚至过滤器局部被穿透，所以，当过滤器阻力增大到某一规定值时，过滤器将报废。因此，使用过滤器，要掌握合适的使用周期。在过滤器没有损坏的情况下，一般以阻力判定使用寿命。

2. 构造图、实物图

过滤器构造示意图如图8-52所示，空气过滤器现场实物图如图8-53所示。

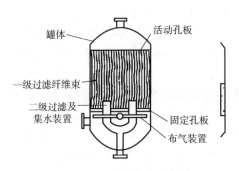

图 8-52　过滤器构造示意图

图 8-53　空气过滤器现场实物图

3. 空气过滤器工程量计算规则

按设计图示数量计算。

4. 注意事项

（1）气体汇流排安装项目，适用于氧气、二氧化碳、氮气、一氧化二氮、氩气、压缩空气等汇流排安装。

（2）干燥机安装项目，适用于吸附式和冷冻式干燥机安装。

（3）医疗设备带以"m"为计量单位。

8.8　采暖、空调水工程系统调试

8.8.1　采暖系统调试

1. 采暖系统

采暖常用系统：中央空调系统，地源热泵系统，普通地暖系统，暖气片系统。采暖系统三大基本组成部分：机组、末端、管道连接。

其中中央空调分为风冷和水冷。水冷又根据室内空气具体要求及节能形式不同分为多种形式。

地源热泵系统是相对较简单的一种采暖方式。

普通地暖和暖气片系统尤其是暖气片系统调试是很费力的。

暖气片常见的系统是下供下回系统和上供下回系统。

下供下回系统主要用于普通民用住宅，其优点为：节省室内空间；缺点为：占用公共空间，造成公共空间管道热量的浪费，室内管道一般都是暗装，不方便维修调试。

上供下回系统主要用于公共建筑内，其优点为：节约公共空间和减少能量损失，减少管道保温，节约保温材料；缺点为：占用室内空间，影响美观，但一般都是明装管道，便于维修。

2. 采暖系统的调试过程

（1）在换热站泵房里面进行系统灌水。根据小区内楼层最高标高和泵房压力表确定系统管网及循环情况。

（2）打开各个系统单元入户的旁通阀门。打开循环泵电源，进行室外管网循环（必须确保所有单元入户系统的旁通阀全部打开的同时，供回水阀门全部关闭）。

（3）在循环过程中要"不断""及时"清理泵房内的过滤器。

（4）待循环完毕，室外管网清理完毕后将室外各检查井内旁通阀门全部关闭，同时将所有供、回水阀门打开，此时将所有室内系统支管阀门全部关闭，将楼内顶层主管旁通阀门打开，进行室内主管和室外采暖管网的循环。

（5）此时主要是不断地进行室外检查井内的过滤器清理，泵房内过滤器一般不需要再进行清理。

（6）待循环清理楼内主立管完毕后，将所有旁通阀门全部关闭，同时将楼内分户阀门全部打开，进行室内管网的循环。在此循环过程中主要是对分户过滤器和室外检查井过滤器的分别清理。

（7）在上述采暖循环及运行过程中，一般在第一个采暖期运行时最好至少提前一个月进行调试，先供冷水循环然后供热水运行。尽量避免冬季调试和供暖期调试。

3. 采暖工程系统调试工程量计算规则

按采暖工程系统计算。

8.8.2 空调水系统调试

1. 空调水系统

空调工程除采用空气作为热传递的介质外，还常采用水作为热传递的介质，通过水管路系统将冷、热源产生的冷、热量输送给各种空调设备，并最终将这些冷、热量提供给空调房间。

2. 空调水系统的调试过程

空调水系统调试包括设备单机试运行及调试和系统无生产负荷下的联合试运行及调试。

对空调水系统试运行与调试，施工单位要依据设计图纸、相关技术标准和设备及产品技术说明编制试运行与调试方案。

设计图纸是工程施工、检查、调试、验收的最基本根据。

施工技术标准（也称"工艺标准"）是编制施工和试运行调试方案的最主要依据。

3. 空调水工程系统调试计算规则

按空调水工程系统计算。

第9章　建筑智能化及自动化控制仪表安装工程

9.1　建筑智能化工程

建筑智能化工程实际上是安装在智能建筑中，由多个子系统组成的，充分利用现代计算机技术、控制技术以及通信技术对建筑物内的设备进行自动控制，对信息资源进行管理，为用户提供信息服务和管理的系统工程，是建筑工程中不可缺少的组成部分。

9.1.1　计算机应用网络系统

1. 计算机应用的概念

（1）计算机应用是研究计算机应用于各个领域的理论、方法、技术和系统等，是计算机学科与其他学科相结合的"边缘学科"，是计算机学科的组成部分。计算机应用是对在社会活动中的如何参与和实施进行指导的活动。

（2）计算机应用分为数值计算和非数值应用两大领域。非数值应用又包括数据处理和知识处理。例如信息系统、工厂自动化、办公室自动化、家庭自动化、专家系统、模式识别、机器翻译等领域。

（3）计算机网络主要是指网络通信领域，计算机是作为辅助网络应用的工具，是计算机技术和通信技术相结合的学科。

（4）计算机应用网络系统一般是由计算机硬件系统、系统软件、应用软件组成。

1）计算机基本硬件系统由运算器和控制器、存储器、外围接口以及外围设备组成。

2）系统软件包括操作系统、编译程序、数据库管理系统、各种高级语言等。

3）应用软件由通用支援软件和各种应用软件包组成。

2. 计算机应用网络系统的使用要求

（1）路由器是连接两个或多个网络的硬件设备，是读取每一个数据包中的地址，然后决定如何传送的专用智能性的网络设备。

（2）交换机，是一种用于电、光信号转发的网络设备，可以为接入交换机的任意两个网络节点提供独享的电信号通路。交换机的作用也可以理解为将一些机器连接起来组成一个局域网。

（3）路由器与交换机有着明显的区别，路由器最主要的功能可以理解为实现信息的转送。路由器是产生于交换机之后，用来连接网络中各种不同的设备，它会根据信道的情况自动选择和设定路由，以最佳路径按前后顺序发送信号。路由器与交换机虽然有一定联系，但并不是完全独立的两种设备，路由器主要是克服了交换机不能路由转发数据包的不足。

如图9-1所示为交换机实物图。

3. 计算机应用网络系统计算规则

路由器、交换机工程量按设计图示数量计算。

4. 实训练习

图 9-1 交换机实物图

【例 9-1】某 21 层写字楼需要安装插槽式路由器（4 槽），每层配备两台交换机，如图 9-2 所示为路由器实物图，已知写字楼每层需要 8 个路由器，试计算该写字楼路由器安装的清单工程量以及综合单价。

【解】（1）清单工程量。清单工程量计算规则：按设计图示数量计算。

路由器的定额工程量 = 图示工程量 = 21 × 8 = 168（台）。

【小贴士】式中"21"为该写字楼一共 21 层，"8"为每层安装路由器的个数。

（2）定额工程量。定额工程量同清单工程量。

图 9-2 路由器实物图

（3）计价。套用《河南省通用安装工程预算定额》（HA-02-31-2016）中子目 5-1-76，见表 9-1。

表 9-1 路由器、适配器、中继器设备安装、调试 （单位：台）

定额编号		5-1-74	5-1-75	5-1-76	5-1-77
项目		路由器			
		固定配置		插槽式	
		≤4 口	≤8 口	≤4 槽	>4 槽
基价/元		222.22	327.16	634.66	1254.24
其中	人工费/元	134.00	201.00	402.00	804.00
	材料费/元	16.00	16.00	16.00	16.00
	机械使用费/元	3.65	7.30	10.94	22.80
	其他措施费/元	5.08	7.62	15.24	30.48
	安文费/元	10.52	15.78	31.57	63.14
	管理费/元	25.94	38.92	77.83	155.67
	利润/元	13.34	20.00	40.01	80.01
	规费/元	13.69	20.54	41.07	82.14

计价：168 × 634.66 = 106622.88（元）。

5. 计算机应用网络系统定额计算规则

（1）台架、插箱、机柜、网络终端设备、输入设备、输出设备、专用外部设备、存储设备安装及软件安装，以"台（套）"为计量单位。

（2）互联电缆制作、安装，以"条"为计量单位。

（3）计算机及网络系统联调及试运行，以"系统"为计量单位。

9.1.2　综合布线系统

1. 综合布线系统的概念

综合布线系统是为了顺应时代发展需求而特别设计的一套布线系统，也是一种标准通用的信息传输系统。

综合布线系统是智能化办公室建设数字化信息系统的基础设施，是将所有语音、数据等系统进行统一的规划设计的结构化布线系统，为办公提供信息化、智能化的物质介质。

2. 综合布线系统的使用要求

由于综合布线系统主要是针对建筑物内部及建筑物群之间的计算机、通信设备和自动化设备的布线而设计的，所以布线设备的应用范围是满足于各类不同的计算机、通信设备、建筑物自动化设备传输弱电信号的要求。

综合布线系统采用的是星型结构，主要由 6 个子系统构成。其中，这 6 个子系统每一个都是可以独立的、不受其他影响的进入到综合布线系统终端中的。

如图 9-3 所示为综合布线系统图。

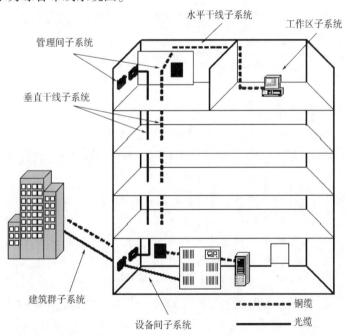

图 9-3　综合布线系统图

3. 综合布线系统计算规则

双绞线缆工程量按图示设计尺寸以长度计算。

4. 综合布线系统定额计算规则

（1）双绞线缆、光缆、同轴电缆敷设、穿放、明布放，以"m"计量单位。电缆敷设按单根延长米计算，如一个架上敷设 3 根各长 100m 的电缆，应按 300m 计算。电缆附加及预留的长度是电缆敷设长度的组成部分，应计入电缆长度工程量之内。电缆进入建筑物预留 2m；电缆进入沟或吊架上引上（下）预留 1.5m；电缆中间为接头盒、两端预留各 2m。

（2）制作跳线以"条"计算，卡接双绞线缆以"对"计算，跳线架、配线架安装以"条"为计量单位。

（3）安装各类信息插座、过线（路）盒、信息插座的底盒（接线盒）、光缆终端盒和跳块打接，以"个"为计量单位。

（4）双绞线缆、光缆测试，以"链路"为计量单位。

（5）光纤连接，以"芯"（磨制法以"端口"）为计量单位。

（6）布放尾纤，以"条"为计量单位。

（7）机柜、机架、抗震底座安装以"台"为计量单位。

（8）系统调试、试运行，以"系统"为计量单位。

5. 实训练习

【例9-2】某电缆敷设工程示意图如图9-4所示，采用电缆沟铺砂盖砖直埋并列敷设8根VV-29（$3 \times 45 + 1 \times 15$）电力电缆，配电间配电柜至室内部分电缆穿 ϕ40 钢管保护，共长8m，室外电缆敷设共长126m，中间穿过热力管沟，在控制室有12m穿 ϕ40 钢管保护，试计算电缆敷设的定额工程量。

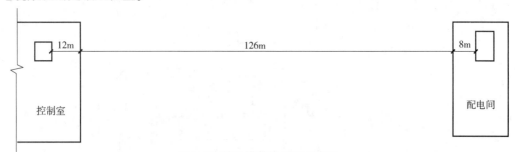

图9-4 某电缆敷设工程示意图

【解】（1）清单工程量。清单工程量计算规则：双绞线缆工程量按图示设计尺寸以长度计算。

电缆敷设工程量 $= [(8 + 126 + 13) + 2 \times 2 + 1.5 \times 2 + 2 \times 2] \times 8 = 1264$（m）。

电缆保护管工程量 $= 8 + 12 = 20$（m）。

【小贴士】式中：配电间配电柜至室内部分电缆长8m，室外电缆敷设共126m，控制室有12m钢管保护长度。电缆进入建筑物预留2m；电缆进入沟预留1.5m；电缆中间为接头盒、两端预留各2m。

（2）定额工程量。定额工程量计算规则：双绞线缆、光缆、同轴电缆敷设、穿放、明布放，以"m"计量单位。电缆敷设按单根延长米计算，如一个架上敷设3根各长100m的电缆，应按300m计算。电缆附加及预留的长度是电缆敷设长度的组成部分，应计入电缆长度工程量之内。电缆进入建筑物预留2m；电缆进入沟或吊架上引上（下）预留1.5m；电缆中间为接头盒、两端预留各2m。

电缆敷设工程量 $= [(8 + 126 + 13) + 2 \times 2 + 1.5 \times 2 + 2 \times 2] \times 8 = 1264$（m）。

电缆保护管工程量 $= 8 + 12 = 20$（m）。

【小贴士】式中：配电间配电柜至室内部分电缆长8m，室外电缆敷设共126m，控制室有12m钢管保护长度。电缆进入建筑物预留2m；电缆进入沟预留1.5m；电缆中间为接头盒、两端预留各2m。

6. 定额说明

（1）综合布线包括：双绞线、光缆、漏泄同轴电缆、电话线和广播线的敷设、布放和测试工程。

（2）本章所涉及双绞线缆的敷设及配线架、跳线架等的安装、打接等定额量，是按超五类非屏蔽布线系统编制的，高于超五类的布线工程所用定额子目人工乘以系数 1.1，屏蔽系数人工乘以系数 1.2。

（3）在已建吊顶内敷设线缆时，所用定额子目人工乘以系数 1.5。

9.1.3　建筑设备自动化系统

1. 建筑设备自动化系统的概念

建筑设备自动化系统是采用计算机技术、自动控制技术和通信技术组成的高度自动化的建筑物设备综合管理系统。它通过对建筑物（或建筑物群）内的各种电力设备、空调设备、冷热源设备、防火、防盗设备等进行集中监控，达到在确保建筑内环境舒适、充分考虑能源节约和环境保护的条件下，使建筑内的各种设备状态及利用率均达到最佳的目的。

2. 控制器的概念

控制器是指按照预定顺序改变主电路或控制电路的接线盒以改变电路中电阻值来控制电动机的启动、调速、制动和反向的主令控制装置。

3. 建筑设备自动化系统计算规则

工程量按设计图示数量计算。

4. 实训练习

【例9-3】某大型商场，共有4层、每层120家门店，每层都需要安装1系统公共照明监控分系统调试（200点）用以安全防范保障，试计算其工程量以及综合单价。

【解】（1）清单工程量。清单工程量计算规则：工程量按设计图示数量计算。

公共照明监控分系统调试的定额工程量 = 4 × 1 = 4（系统）。

【小贴士】式中"4"为该商场一共4层，"1"为每层安装公共照明监控分系统调试的系统数。

（2）定额工程量。定额工程量计算规则：

1）基表及控制设备、第三方设备通信接口安装、系统安装、调试，以"个"为计量单位。

2）控制网路通信设备安装、控制器安装、流量计安装、调试，以"台"为计量单位。

3）建筑设备监控系统中央管理系统安装、调试，以"系统"为计量单位。

4）温度、湿度传感器，以及压力传感器、电量变送器和其他传感器及变送器，以"支"为计量单位。

5）阀门及电动执行机构安装、调试，以"个"为计量单位。

6）系统调试、系统试运行，以"系统"为计量单位。

公共照明监控分系统调试的定额工程量 = 4 × 1 = 4（系统）。

【小贴士】式中"4"为该商场一共4层，"1"为每层安装公共照明监控分系统调试的系统数。

（3）计价。套用《河南省通用安装工程预算定额》（HA-02-31-2016）中子目5-3-84，见表9-2。

表9-2 分系统调试 （单位：系统）

定额编号	5-3-83	5-3-84	5-3-85
项目	公共照明监控分系统调试		
	≤100 点	≤200 点	>200 点，每增加 50 点
基价/元	2848.28	6273.29	2250.58
其中 人工费/元	2010.00	4422.00	1608.00
材料费/元	43.90	78.41	10.46
机械使用费/元	108.64	264.27	83.54
其他措施费/元	50.80	111.76	40.64
安文费/元	105.23	231.51	84.18
管理费/元	259.45	570.78	207.56
利润/元	133.35	293.37	106.68
规费/元	136.91	301.19	109.52

计价：$4 \times 6273.29 = 25093.16$ （元）。

5. 定额说明

（1）内容包括建筑设备自动化系统工程。其中包括能耗监测系统、建筑设备监控系统。

（2）定额不包括设备的支架、支座安装。

（3）系统中用到的服务器、网络设备、工作站、软件等项目执行本章 9.1.1 小节相关内容的定额；跳线制作、跳线安装、箱体安装等项目执行本章 9.1.2 小节相关内容的定额。

9.1.4 建筑信息综合管理系统

1. 建筑信息综合管理系统的概念以及使用要求

（1）微波无线接入通信系统。完整的通信网是由核心网和接入网组成的。接入网把分散信息进行汇集整理的通信网络称为接入网，一般分为有线接入网和无线接入网两种。

（2）卫星通信系统。是指利用人造地球卫星作中继站转发或反射无线电信号，在两个或多个地球站之间进行通信。

（3）移动通信系统。一般由移动台、基地站、移动业务交换中心，以及与市话网相连的中继线等组成。

（4）光纤通信。

（5）程控数字交换机。由话路设备和控制设备组成。

2. 建筑信息综合管理系统计算规则

（1）铁塔架设，以"t"计算。

（2）天线安装、调试，以"副"（天线加边、加罩则以"面"）计算。

（3）馈线安装、调试，以"条"计算。

（4）微波无线接入系统基站设备，用户站设备安装、调试，以"台"计算。

（5）微波无线接入系统联调，以"站"计算。

（6）卫星通信甚小口径地面站（VSAT）中心站设备安装、调试，以"台"计算。

（7）卫星通信甚小口径地面站（VSAT）端站设备安装、调试、中心站站内环测及全系统联网调试，以"站"计算。

（8）移动通信天馈系统中安装、调试、直放站设备、基站系统调试以及全系统联网调试，以"站"计算。

（9）光纤数字传输设备安装、调试，以"端"计算。

（10）程控交换机安装、调试，以"部"计算。

（11）程控交换机中继线调试，以"路"计算。

（12）会议电话、电视系统设备安装、调试，以"台"计算。

（13）会议电话、电视系统联网测试，以"系统"计算。

9.1.5 有线电视、卫星接收系统

1. 有线电视、卫星接收系统的概念

（1）在智能建筑工程设计中，有线电视、卫星接收系统是适应人们使用功能需求而普遍设置的基本系统，该系统将随着人们对电视收看质量要求的提高和有线技术的发展，在应用和设计技术上不断地提高，此系统已经成为不可缺少的一部分。

（2）有线电视系统采用一套专用接收设备，用来接收当地的电视广播节目，以有线方式（一般采用光缆）将电视信号传送到建筑或建筑群的各用户。

（3）所谓卫星广播电视系统就是利用卫星来直接转发电视信号的系统，其作用相当于一个空间转发站。

2. 有线电视、卫星接收系统的使用要求

（1）有线电视系统一般可以分为天线、前端、干线及分支分配网络等三个部分。有线电视系统结构图如图 9-5 所示。

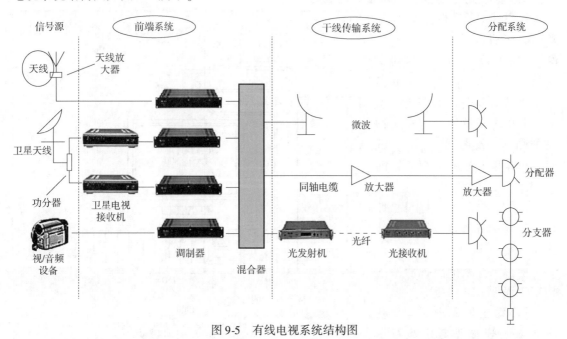

图 9-5 有线电视系统结构图

（2）卫星电视覆盖面积大，即只需要三颗同步卫星就能覆盖全球。使用卫星电视系统相对使用地面电视台的投资少。卫星电视采用的载频高、频带宽、传输容量大，但是由于卫星居高临下，电波入射角大，又是直播，传播线路大部分是外层空间，所以噪声干扰小，信号强度稳定，图像质量好。但是由于传播距离太远，所以为了正常收看卫星直播电视，必须采用强方向性的天线和高灵敏度的接收机。

如图9-6所示为卫星地面接收站，如图9-7所示为卫星通信系统的太空部分和地面站部分示意图。

图9-6　卫星地面接收站

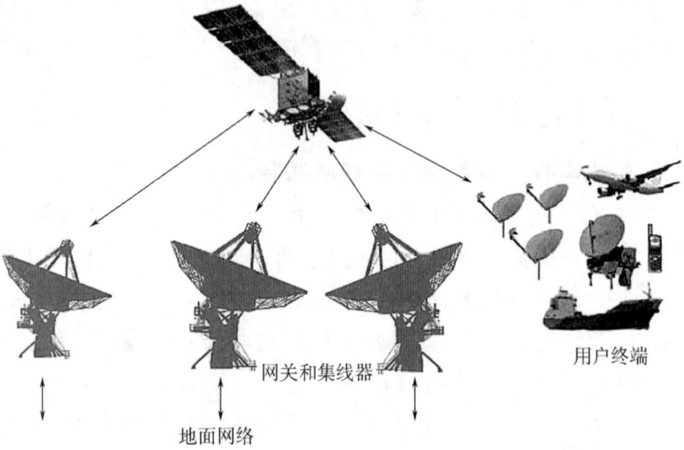

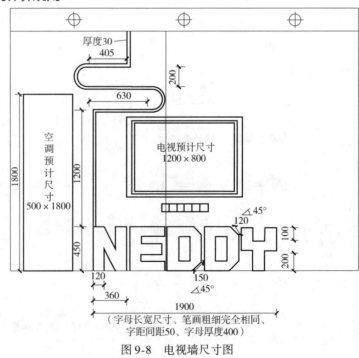

图9-7　卫星通信系统的太空部分与地面站部分示意图

（3）卫星电视接收系统的组成。接收天线、功率分配器以及卫星电视接收机等。

3. 有线电视、卫星接收系统计算规则

按设计图示数量计算。

4. 实训练习

【例9-4】某高档小区房屋装修，共有24间客厅，每间客厅电视墙需要安装1套电视墙架，其中电视墙尺寸图和实物图如图9-8及图9-9所示，试计算电视墙安装的电视墙架的工程量以及综合单价。

【解】（1）清单工程量。清单工程量计算规则：按设计图示数量计算。

电视墙安装的电视墙架的定额工程量=24（套）。

【小贴士】式中：工程量计算数据皆根据题示及图示所得。

图9-8　电视墙尺寸图

（2）定额工程量。定额工程量计算规则：

1）前端射频设备安装、调试，以"套"为计量单位。

2）卫星电视接收设备、光端设备、有线电视系统管理设备安装、调试，以"台"为计量单位。

3）干线传输设备、分配网络设备安装、调试，以"个"为计量单位。

4）数字电视设备安装、调试，以"台"为计量单位。

电视墙安装的电视墙架的定额工程量=24（套）。

【小贴士】式中：工程量计算数据皆根据题示及图示所得。

图9-9　电视墙实物图

（3）计价。套用《河南省通用安装工程预算定额》（HA-02-31-2016）中子目5-4-3，见表9-3。

表9-3　电视墙安装　　　　　　　　　　（单位：套）

定额编号		5-4-1	5-4-2	5-4-3	5-4-4
项目		电视机/台	电视墙架		操作台
			≤12台	≤24台	单工位
基价/元		75.73	1300.88	2564.60	284.63
其中	人工费/元	40.20	804.00	1608.00	160.80
	材料费/元	14.96	81.74	130.02	37.82
	机械使用费/元	—	3.70	3.70	3.72
	其他措施费/元	1.52	30.48	60.96	6.10
	安文费/元	3.16	63.14	126.28	12.63
	管理费/元	7.78	155.67	311.33	31.13
	利润/元	4.00	80.01	160.02	16.00
	规费/元	4.11	82.14	164.29	16.43

计价：$1 \times 2564.60 = 2564.60$（元）。

5. 定额说明

（1）内容包括有线广播电视、卫星电视、闭路电视系统设备的安装调试工程。

（2）不包括以下工作内容。

1）同轴电缆敷设、电缆头制作等项目执行本章9.1.2小节相关定额。

2）监控设备等项目执行本章9.1.7小节相关定额。

3）其他辅助工程项目执行本章9.1.2小节相关定额。

4）所有设备按成套设备购置考虑，在安装时如再需额外材料按实计算。

9.1.6　音频、视频系统

1. 音频、视频系统的使用要求

（1）扩声系统通常是把讲话者的声音对听者进行实时放大的系统，讲话者和听者通常在同一个声学环境中。

（2）如图9-10所示为会议厅扩声系统的布置图，如图9-11所示为大型工厂公共广播系统图。

图9-10　会议厅扩声系统的布置图

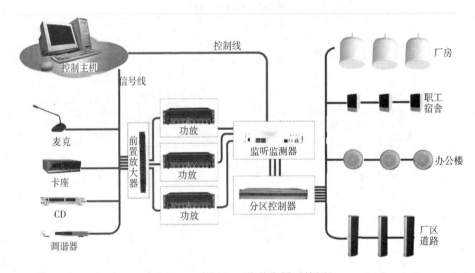

图9-11　大型工厂公共广播系统图

2. 音频、视频系统计算规则

按设计图示数量计算。

（1）信号源设备安装，以"只"为计量单位。

（2）卡座、CD机、VCD/DVD机、DJ搓盘机、MP3播放机安装，以"台"为计量单位。

（3）耳机安装，以"副"为计量单位。

（4）扩音台、周边设备、功率放大器、音箱、机柜、电源和会议设备安装，以"台"为计量单位。

（5）扩声设备级间调试，以"个"为计量单位。

（6）公共广播、背景音乐系统设备安装，以"台"为计量单位。

（7）公共广播、背景音乐系统，分系统调试、系统测量、系统调试、系统试运行，以

"系统"为计量单位。

3. 实训练习

【例9-5】某公安刑侦大队需要配置36台监听器,用以方便定位、监听以及拍摄犯罪嫌疑人照片,定位监听器示意图如图9-12所示,试计算公共广播、背景音乐系统设备(即监听器)的工程量及综合单价。

【解】(1)清单工程量。清单工程量计算规则:按设计图示数量计算。

监听器安装的定额工程量 = 36(台)。

图9-12 定位监听器

【小贴士】式中:定额工程量计算数据皆根据题示及图示所得。

(2)定额工程量。定额工程量计算规则:

1)信号源设备安装,以"只"为计量单位。

2)卡座、CD机、VCD/DVD机、DJ搓盘机、MP3播放机安装,以"台"为计量单位。

3)耳机安装,以"副"为计量单位。

4)扩音台、周边设备、功率放大器、音箱、机柜、电源和会议设备安装,以"台"为计量单位。

5)扩声设备级间调试,以"个"为计量单位。

6)公共广播、背景音乐系统设备安装,以"台"为计量单位。

7)公共广播、背景音乐系统,分系统调试、系统测量、系统调试、系统试运行,以"系统"为计量单位。

监听器安装的定额工程量 = 36(台)。

【小贴士】式中:定额工程量计算数据皆根据题示及图示所得。

(3)计价。套用《河南省通用安装工程预算定额》(HA-02-31-2016)中子目5-5-119,见表9-4。

表9-4 公共广播、背景音乐系统设备 (单位:台)

定额编号		5-5-118	5-5-119	5-5-120	5-5-121
项目		分区器	监听器	强插器	线路检测器
基价/元		24.73	85.78	85.78	85.78
其中	人工费/元	13.40	53.60	53.60	53.60
	材料费/元	4.20	4.20	4.20	4.20
	机械使用费/元	0.28	0.55	0.55	0.55
	其他措施费/元	0.51	2.03	2.03	2.03
	安文费/元	1.05	4.21	4.21	4.21
	管理费/元	2.59	10.38	10.38	10.38
	利润/元	1.33	5.33	5.33	5.33
	规费/元	1.37	5.48	5.48	5.48

计价:$36 \times 85.78 = 3088.08$(元)。

4. 定额说明

（1）内容包括各种扩声系统工程、公共广播系统工程以及视频系统工程。

（2）内容不包括设备固定架、支架的制作、安装。

（3）布线施工是在土建管道、桥架等满足施工条件下进行的。

（4）线阵列音箱安装按单台音箱重量分列套用定额子目。

（5）有关传输线缆敷设，执行本章 9.1.2 小节有关定额。

9.1.7 安全防范系统

1. 安全防范系统的概念

（1）安全防范是社会公共安全科学技术的一个分支，安全防范行业是社会公共安全大行业中的一个小行业。

（2）安全防范系统以维护社会公共安全和预防灾害事故为目的，运用安全防范产品和其他相关产品所构成的入侵探测、出入口控制、巡更、电视监控、安全检查、停车场管理及相应的安全防范系统工程等；或者是由这些子系统组合或集成的电子系统或网络。

2. 安全防范系统的使用要求

一个完整的安全防范系统应该具备的功能：

（1）图像监控功能。某路口监控摄像设备如图 9-13 所示；半球形摄像机如图 9-14 所示；球形摄像机如图 9-15所示。

图 9-13　摄像设备　　　　　图 9-14　半球形摄像机　　　　　图 9-15　球形摄像机

（2）探测报警功能。

（3）控制功能。

（4）自动化辅助功能。

监控系统构造及监控实景布置图如图 9-16 所示。

3. 安全防范系统计算规则

按设计图示数量计算。

4. 实训练习

【例 9-6】某河南地下停车场需要安装 12 台防爆摄像机，其结构图如图 9-17 所示，试计算该停车场防爆摄像机安装的定额工程量及综合单价。

【解】（1）清单工程量。清单工程量计算规则：按设计图示数量计算。

防爆摄像机安装的定额工程量 = 12（台）。

【小贴士】式中：工程量计算数据皆根据题示及图示所得。

（2）定额工程量。定额工程量计算规则：

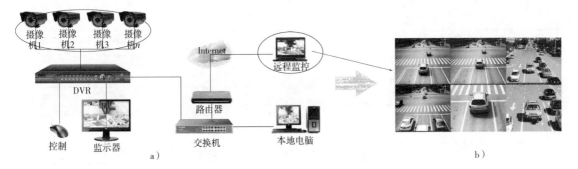

图 9-16 监控系统构造及监控实景布置图

a）监控系统构造图 b）监控实景布置图

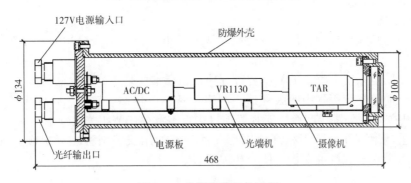

图 9-17 防爆摄像机构造图

1）入侵探测设备安装、调试，以"套"为计量单位。

2）报警信号接收机安装、调试，以"系统"为计量单位。

3）出入口控制设备安装、调试，以"台"为计量单位。

4）巡更设备安装，以"套"为计量单位。

5）电视监控设备安装、调试，以"台"为计量单位。

6）防护罩安装，以"套"为计量单位。

7）摄像机支架安装，以"套"为计量单位。

8）安全检查设备安装，以"台"或"套"为计量单位。

9）停车场管理设备安装，以"台（套）"为计量单位。

10）安全防范分系统调试及系统工程试运行，均以"系统"为计量单位。

防爆摄像机安装的定额工程量 = 12（台）。

【小贴士】式中：工程量计算数据皆根据题示及图示所得。

（3）计价。套用《河南省通用安装工程预算定额》（HA-02-31-2016）中子目 5-6-82，见表 9-5。

表 9-5 监控摄像设备   （单位：台）

定额编号	5-6-82	5-6-83	5-6-84	5-6-85	5-6-86
项目	防爆摄像机	微型摄像机	室内外云台摄像机	高速智能球形摄像机	微光摄像机
基价/元	311.65	289.05	331.32	403.17	361.51

（续）

其中	人工费/元	201.00	187.60	215.74	262.64	234.50
	材料费/元	5.32	4.29	4.46	4.53	4.53
	机械使用费/元	2.47	1.16	0.72	1.59	2.47
	其他措施费/元	7.62	7.11	8.18	9.96	8.89
	安文费/元	15.78	14.73	16.94	20.63	18.42
	管理费/元	38.92	36.32	41.77	50.85	45.40
	利润/元	20.00	18.67	21.47	26.14	23.34
	规费/元	20.54	19.17	22.04	26.83	23.96

计价：$12 \times 311.65 = 3739.8$（元）。

5. 定额说明

（1）内容包括入侵探测、出入口控制、巡更、电视监控、安全检查、停车场管理等设备安装工程。

（2）安全防范系统工程中的显示装置等项目执行本章第六节相关定额。

（3）安全防范系统工程中的服务器、网络设备、工作站、软件、存储设备等项目执行本章第一节相关定额。跳线制作、安装等项目执行本章第二节相关定额。

（4）有关场地电气安装工程部分执行《河南省通用安装工程预算定额》（HA-02-31-2016）中第四册《电气设备安装工程》相关子目。

9.2　自动化控制仪表安装工程

9.2.1　过程检测仪表

1. 过程检测仪表的概念

（1）在工业生产过程中，自动化工程是保证安全生产、保证产品质量、指导生产操作与管理的重要手段。

（2）检测元件又称为敏感元件、传感器，直接响应工艺变量，并转化成一个与之成对应关系的输出信号。

（3）专门用于检测的仪表或系统称为检测仪表或检测系统，其基本任务就是从测量对象获得被测量，并向测量的操作者展示测量的结果。

（4）过程检测仪表包括温度仪表、压力仪表、差压、流量仪表、物位检测仪表、显示记录仪表的安装试验调试等。

2. 温度仪表的使用要求

（1）温度仪表采用模块化结构方案，结构简单、操作方便、性价比高，适用于塑料、食品、包装机械等行业，也适用于需要进行多段曲线程序升、降温控制的系统。

（2）温度仪表也是众多仪表中的一个分支，常见的温度仪表有温度计、温度记录仪、温度送变器等。

3. 过程检测仪表计算规则

工程量按设计图示数量计算。

4. 实训练习

【例9-7】某水泥厂需要安装 2 台物位检测仪表，以便在水泥厂的储库物位中测量，结构图如图 9-18 所示，其中该物位检测仪采用直读玻璃管（板）液位计，管（板）长为 1600mm，试计算该物位检测仪安装的工程量及综合单价。

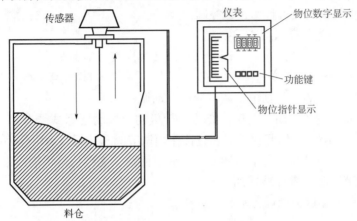

图 9-18　物位检测仪表结构图

【解】（1）清单工程量。清单工程量计算规则：工程量按设计图示数量计算。

物位检测仪表安装的定额工程量 = 2（台）。

【小贴士】式中：工程量计算数据皆根据题示所得。

（2）定额工程量。定额工程量计算规则：以"台（支)"计算工程量，但与仪表成套的元件、部件是仪表的一部分，如放大器、过滤器等不能分开另计工程量或重复计算工程量。

物位检测仪表安装的定额工程量 = 2（台）。

【小贴士】式中：工程量计算数据皆根据题示所得。

（3）计价。套用《河南省通用安装工程预算定额》（HA-02-31-2016）中子目 6-1-114，见表9-6。

表 9-6　物位检测仪表　（单位：台）

	定额编号	6-1-112	6-1-113	6-1-114	6-1-115
	项目	直读玻璃管（板）液位计			
		管（板）长 mm 以下			
		500	1100	1700	1700 以上
	基价/元	167.96	239.83	268.83	314.73
其中	人工费/元	104.01	15.43	168.53	197.34
	材料费/元	7.49	9.61	9.61	9.61
	机械使用费/元	4.35	4.35	6.35	8.34
	其他措施费/元	3.86	5.59	6.25	7.37
	安文费/元	8.00	11.58	12.94	15.26
	管理费/元	19.72	28.54	31.91	37.62
	利润/元	10.13	14.67	16.40	19.34
	规费/元	10.40	15.06	16.84	19.85

计价：2 × 268.83 = 537.66 （元）。

9.2.2 显示及调节控制仪表

1. 显示及调节控制仪表的概念
显示及调节控制仪表又可称为过程控制仪表。

2. 过程控制仪表的分类以及使用要求
（1）电动仪表。包括变送仪表、调节仪表、转换仪表、辅助仪表。

（2）气动仪表。包括气动变送仪表、气动调节仪表，以及气动计算、给定仪表和辅助仪表。

（3）基地式调节仪表。包括电动调节器、气动调节器。

（4）执行仪表。包括气动、电动、液动执行机构、气动活塞式调节阀、气动薄膜调节阀、电动调节阀、电磁阀、伺服放大器、直接作用调节阀及执行仪表附件。

（5）仪表回路模拟试验。包括检测回路、调节回路、无线信号传输回路。

3. 显示及调节控制仪表计算规则
过程控制仪表工程量按设计图示数量计算。

4. 实训练习
【例9-8】某化工厂需要在支架上安装2台指示记录式气动调节器，试计算其工程量以及综合单价。

【解】（1）清单工程量。清单工程量计算规则：按设计图示数量计算。

指示记录式气动调节器安装的定额工程量 = 2 （台）。

（2）定额工程量。定额工程量计算规则。

1）9.2.2 小节仪表除特别说明外以"台"或"件"为计量单位。

2）回路系统调试以"套"为计量单位，并区分检测系统、调节系统和手动调节系统。

指示记录式气动调节器安装的定额工程量 = 2 （台）。

【小贴士】式中：定额工程量计算数据皆根据题示及图示所得。

（3）计价。套用《河南省通用安装工程预算定额》（HA-02-31-2016）中子目6-2-75，见表9-7。

表9-7 基地式调节仪表 （单位：台）

定额编号		6-2-74	6-2-75
项目		指示记录式气动调节器	
		盘上	支架上
基价/元		411.57	428.46
其中	人工费/元	265.91	276.17
	材料费/元	5.53	6.27
	机械使用费/元	8.48	8.87
	其他措施费/元	9.75	10.16
	安文费/元	20.20	21.05
	管理费/元	49.81	51.89
	利润/元	25.60	26.67
	规费/元	26.29	27.38

计价：$2 \times 428.46 = 856.92$（元）。

9.2.3　其他仪表

1. 电流表

电流表也可以称为"安培表"，表示电气系统的负荷。电流表是根据通电导体在磁场中受磁场力的作用而制成的，是用来测量交、直流电路中电流的仪表，如图9-19所示。

2. 时钟

时钟是生活中常用的计时器，人们通过它来记录时间，如图9-20所示。

图9-19　电流表　　　　　　　　　　图9-20　时钟

第10章 刷油、防腐蚀、绝热工程

10.1 刷油工程

1. 概念

刷油工程是安装工程中常见的重要内容，将普通油脂漆料涂刷在金属表面，使之与外界隔绝，以防止气体、水分的氧化侵蚀，并能增加光泽，使之更美观。

2. 使用要求

（1）定额内容包括金属管道、设备、通风管道、金属结构与玻璃布面、石棉布面、玛蹄脂面、抹灰面等刷（喷）油漆工程。

（2）各种管件、阀件和设备上人孔、管口凹凸部分的刷油已综合考虑在定额内，不另行计算。

（3）金属面刷油不包括除锈工作内容。

（4）标志色环等零星刷油，其人工乘以系数 2.0。

（5）刷油和防腐蚀工程按安装地点就地涂刷油漆考虑，如安装前集中刷油，人工乘以系数 0.45（暖气片除外）。

（6）如安装前集中喷涂，执行刷油子目人工乘以系数 0.45，材料乘以系数 1.16，增加喷涂机械电动空气压缩机 $3m^3/min$（其台班消耗量同调整后的合计工日消耗量）。

（7）主材与稀干料可以换算，但人工和材料消耗量不变。

（8）涂刷部位：是指涂刷表面的部位，如：设备、管道等部位。

（9）结构类型：是指涂刷金属结构的类型，如：一般钢结构、管廊钢结构、H 型钢钢结构等类型。

（10）设备筒体、管道表面积：$S = \pi \cdot D \cdot L$；其中：π 是圆周率，D 是指直径，L 是指设备筒体高或管道延长米。

（11）设备筒体、管道表面积包括管件、阀门、法兰、人孔、管口凹凸部分。

（12）带封头的设备面积：$S = L \cdot \pi \cdot D + (D/2) \cdot \pi \cdot K \cdot N$，其中 K 为 1.05，N 是指封头个数。

3. 刷油工程计算规则

（1）定额工程量计算规则。

1）管道、设备与矩形管道、大型型钢钢结构、铸铁管暖气片的刷油、喷漆工程按散热展开面积以"$10m^2$"为计量单位。

2）一般钢结构、管廊钢结构的刷油、喷漆工程以"100kg"为计量单位。

3）灰面、玻璃布面、白布面、麻布面、石棉布面、气柜、玛蹄脂面刷油工程以

"10m²"为计量单位。

4）管道刷油以米（m）计算，按图示中心线以延长米计算，不扣除附属构筑物、管件及阀门等所占长度。

（2）清单工程量计算规则：以平方米（m²）计量，按设计图示表面积计算。

4. 实训练习

【例 10-1】某施工现场使用的工业管道均为高压不锈钢管，管道截面示意图如图 10-1 所示，管道外直径为 550mm，管道长度为 100m，试计算该管道刷油的工程量。

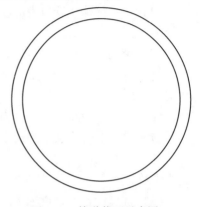

【解】（1）清单工程量。清单工程量计算规则：以平方米（m²）计量，按设计图示表面积计算。

管道刷油工程量 = 3.14×0.55×100 = 172.7（m²）。

（2）定额工程量。定额工程量同清单工程量。

【小贴士】式中"0.55"为管道外径，"100"为管道长度。

图 10-1　管道截面示意图

（3）计价。套用《河南省通用安装工程预算定额》（HA-02-31-2016）中子目 12-2-3，见表 10-1。

表 10-1　管道刷油　　　　　　　　　　　　　（单位：10m²）

定额编号		12-2-1	12-2-2	12-2-3	12-2-4	12-2-5
项目		红丹防锈漆		防锈漆		带锈底漆
		第一遍	增一遍	第一遍	增一遍	一遍
基价/元		40.62	40.53	40.67	40.58	40.60
其中	人工费/元	24.70	24.70	24.70	24.70	24.70
	材料费/元	0.83	0.74	0.88	0.79	0.81
	机械使用费/元	—	—	—	—	—
	其他措施费/元	1.12	1.12	1.12	1.12	1.12
	安文费/元	2.32	2.32	2.32	2.32	2.32
	管理费/元	5.71	5.71	5.71	5.71	5.71
	利润/元	2.93	2.93	2.93	2.93	2.93
	规费/元	3.01	3.01	3.01	3.01	3.01

计价：172.7/10×40.67 = 702.37（元）。

10.2　防腐蚀涂料工程

1. 概念

防腐蚀涂料是指能延缓或防止建筑物材料腐蚀的涂料。通常，人们把材料的损坏称为腐蚀，根据腐蚀介质的不同，一般分为化学腐蚀和电化学腐蚀。

防腐蚀工程是避免管道和设备腐蚀损失，减少使用昂贵的合金钢，杜绝生产中的泄漏和保证设备正常连续运转及安全生产的重要手段。

2. 使用要求

（1）分层内容。是指应注明每一层的内容，如：底漆、中间漆、面漆及玻璃丝布等内容。

（2）如设计要求热固化需注明。

（3）设备筒体、管道表面积：$S = \pi \cdot D \cdot L$。π 为圆周率；D 为直径；L 为设备筒体高或管道延长米。

（4）阀门表面积：$S = \pi \cdot D \times 2.5D \cdot K \cdot N$。$K$ 为 1.05；N 为阀门个数。

（5）弯头表面积：$S = \pi \cdot D \times 1.5D \times 2\pi \cdot N/B$。$N$ 为弯头个数；B 值取定：90°弯头 $B = 4$，45°弯头；$B = 8$。

（6）法兰表面积：$S = \pi \cdot D \times 1.5D \cdot K \cdot N$；$K$ 为 1.05；N 为法兰个数。

（7）设备、管道法兰翻边面积：$S = \pi \cdot (D + A) \cdot A$；$A$ 为法兰翻边宽。

（8）带封头的设备面积：$S = L \cdot \pi \cdot D + (D^2/2) \cdot \pi \cdot K \cdot N$。其中：$K$ 为 1.5；N 为封头个数。

（9）计算设备、管道内壁防腐蚀工程量时，当壁厚大于 10mm 时，按其内径计算；当壁厚小于 10mm 时，按其外径计算。

3. 防腐蚀涂料工程计算规则

（1）设备防腐蚀。以平方米（m²）计量，按设计图示表面积计算。

（2）管道防腐蚀。以米（m）计量，按设计图示尺寸以长度计算；以平方米（m²）计量，按设计图示表面积尺寸以面积计算。

（3）一般钢结构防腐蚀、管廊钢结构防腐蚀：以 kg 计量，按一般钢结构的理论质量计算。

（4）防火涂料、H 型钢制钢结构防腐蚀、金属油罐内壁防静电：以平方米（m²）计量，按设计图示表面积计算。

4. 实训练习

【例 10-2】某建筑内卫生器具设排水管道，需要对其进行防腐处理，台式洗脸盆的安装高度为层底标高 +0.8m，坐式大便器的安装高度为层底标高 +0.38m，管道直径为 DN50，管道平面示意图及三维示意图如图 10-2、图 10-3 所示，试计算该管道防腐蚀工程的工程量。

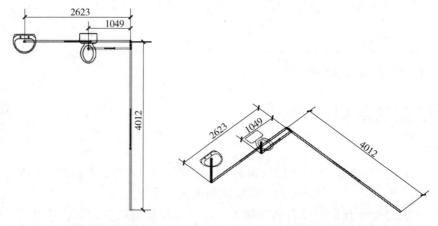

图 10-2　管道平面示意图　　　　图 10-3　管道三维示意图

【解】（1）清单工程量。清单工程量计算规则：

1）以平方米（m²）计量，按设计图示表面积尺寸以面积计算。

管道防腐蚀工程量 = 3.14×0.50×（0.38+0.8+2.623+1.049+4.012）= 13.92（m²）。

2）以米（m）计量，按设计图示尺寸以长度计算。

管道刷油工程量 = 0.38+0.8+2.623+1.049+4.012 = 8.86（m）。

（2）定额工程量。定额工程量计算规则：以平方米（m²）计量，按设计图示表面积尺寸以面积计算。

管道防腐蚀工程量 = 3.14×0.50×（0.38+0.8+2.623+1.049+4.012）= 13.92（m²）。

【小贴士】 式中"0.50"为管道直径；"0.38+0.8+2.623+1.049+4.012"为排水管道总长度。

（3）计价。套用《河南省通用安装工程预算定额》（HA-02-31-2016）中子目 12-3-100，见表 10-2。

表 10-2　管道防腐蚀

（单位：10m²）

定额编号		12-3-100	12-3-101	12-3-102	12-3-103
项目		管道			
		底漆		面漆	
		两遍	增一遍	两遍	增一遍
基价/元		191.69	59.35	136.51	68.73
其中	人工费/元	117.22	0.13	85.76	43.36
	材料费/元	5.21	2.59	—	—
	机械使用费/元	—	—	—	—
	其他措施费/元	5.13	5.37	3.76	1.88
	安文费/元	10.63	13.23	7.79	3.89
	管理费/元	26.20	6.80	19.20	9.60
	利润/元	13.47	6.98	9.87	4.93
	规费/元	13.83	59.35	10.13	5.07

计价：13.92/10×191.69 = 266.83（元）。

10.3　手工糊衬玻璃钢工程

手工糊衬玻璃钢指在常温常压下采用刷涂、刮涂、喷射的方法，将其树脂胶液涂覆在玻璃纤维及其织物表面，并达到浸透玻璃纤维及其织品的施工工艺所制得玻璃钢。

1. 使用要求

（1）如设计要求或施工条件不同，所用胶液配合比、材料品种与定额不同时，以各种胶液中树脂用量为基数进行换算。

（2）塑料管道玻璃钢增强用玻璃布幅宽是按 200~250mm、厚度 0.2~0.5mm 考虑的。

（3）玻璃钢聚合是按间接聚合法考虑的，如因需要采用其他方法聚合时，按施工方案另行计算。

（4）环氧-酚醛玻璃钢、环氧呋喃玻璃钢、酚醛树脂玻璃钢、环氧煤焦油玻璃钢、酚醛呋喃玻璃钢、YJ型呋喃树脂玻璃钢、聚酯树脂玻璃钢，以上碳钢设备涂刷底漆一遍和刮涂腻子子目，执行环氧树脂玻璃钢中相应子目。

（5）如设计对胶液配合比、材料品种有特殊要求需说明。

（6）遍数是指底漆、面漆、涂刮腻子、缠布层数。

2. 手工糊衬玻璃钢工程计算规则

碳钢设备糊衬、塑料管道增强糊衬、各种玻璃钢聚合：以平方米（m²）计量，按设计图示表面积计算。

3. 实训练习

【例10-3】某工程管道，采用管道直径为100mm的塑料管，管道长度为120m，管道截面示意图如图10-4所示，管道外表面采用环氧树脂玻璃钢涂刷底漆一遍，试计算其工程量。

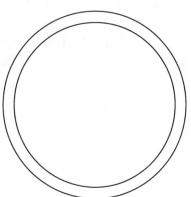

【解】（1）清单工程量。清单工程量计算规则：以平方米（m²）计量，按设计图示表面积计算。

管道防腐蚀工程量 = 3.14×0.1×120 = 37.68（m²）。

（2）定额工程量。定额工程量同清单工程量。

【小贴士】式中"0.1"为管道直径；"120"为管道长度。

图10-4　管道截面示意图

（3）计价。套用《河南省通用安装工程预算定额》（HA-02-31-2016）中子目12-5-5，见表10-3。

表10-3　手工糊衬玻璃钢　　　　　　　　　　（单位：10m²）

定额编号	12-5-5	12-3-101	12-3-102	12-3-103
项目	塑料管道增强			
	底漆一遍	缠布一遍	缠布两遍	面漆一遍
基价/元	352.68	860.71	1325.92	95.32
其中 人工费/元	217.19	545.30	841.31	55.78
材料费/元	16.18	15.74	22.42	8.67
机械使用费/元	—	—	—	—
其他措施费/元	8.84	22.20	34.24	2.29
安文费/元	18.31	45.99	70.93	4.74
管理费/元	45.14	113.38	174.87	11.68
利润/元	23.20	58.27	89.88	6.00
规费/元	23.82	59.83	92.27	6.16

计价：37.68/10×352.68 = 1328.90（元）。

10.4　橡胶板及塑料板衬里工程

1. 概念

橡胶板及塑料板衬里，是把耐腐蚀橡胶板及塑料板贴衬在碳钢设备或管道的内表面，使衬里后的设备、管道具有良好的耐酸、碱、盐腐蚀能力和具有较高机械强度的衬里层。耐腐蚀橡胶板具有优良的性能，除强氧化剂（如硝酸、浓硫酸、铬酸及过氧化氢等）及某些溶剂（如苯、二硫化碳、四氯化碳等）外，能耐大多数无机酸、有机酸、碱、各种盐类及醇类介质的腐蚀。因而在石油、化工生产装置中常被用于碳钢设备、管道的衬里。塑料是一种具有优良耐腐蚀性能，有一定机械强度和耐温性能的材料。在石油、化工生产装置中应用较多的有聚氯乙烯塑料板衬里、聚合异丁烯板衬里以及其他一些塑料板衬里。

2. 使用要求

（1）热硫化橡胶板如设计要求采取特殊硫化处理需注明。

（2）塑料板搭接如设计要求采取焊接需注明。

（3）带有超过总面积 15% 衬里零件的储槽、塔类设备需说明。

（4）热硫化橡胶板的硫化方法，按间接硫化处理考虑，需要直接硫化处理时，其人工乘以系数 1.25，需材料、机械费用按施工方案另行计算。

（5）带有超过总面积 15% 衬里零件的储槽、塔类设备，其人工乘以系数 1.4。

（6）塑料板衬里工程，搭接缝均按胶接考虑，若采用焊接时，其人工乘以系数 1.8，胶浆用量乘以系数 0.5，聚氯乙烯塑料焊条用量 5.19kg/10m²。

3. 橡胶板及塑料板衬里工程计算规则

以平方米（m²）计量，按设计图示表面积计算。

4. 实训练习

【例 10-4】某工业设备（图 10-5）内表面采用热硫化硬橡胶板衬里，层数为两层，内表面的表面积为 84.2m²，试计算其热硫化硬橡胶板衬里的工程量。

【解】（1）清单工程量。清单工程量计算规则：以平方米（m²）计量，按设计图示表面积计算。

热硫化硬橡胶板衬里的工程量 = 84.2（m²）。

（2）定额工程量。定额工程量同清单工程量。

【小贴士】式中"84.2"为设备内表面的表面积。

（3）计价。套用《河南省通用安装工程预算定额》（HA-02-31-2016）中子目 12-6-2，见表 10-4。

图 10-5　工业设备

表 10-4 橡胶板及塑料板衬里工程 （单位：10m²）

定额编号		12-6-1	12-6-2	12-6-3	12-6-4
项目		设备		多孔板	
		一层	两层	一层	两层
基价/元		2365.98	3632.74	10219.08	16959.77
其中	人工费/元	1257.53	1984.16	6311.07	10562.13
	材料费/元	304.93	416.66	325.83	450.12
	机械使用费/元	112.30	140.92	113.05	142.10
	其他措施费/元	51.21	80.82	257.00	430.07
	安文费/元	106.07	167.42	532.36	890.89
	管理费/元	261.52	412.78	1312.54	2196.47
	利润/元	134.42	212.16	674.62	1128.94
	规费/元	138.00	217.82	692.61	1159.05

计价：$84.2/10 \times 3632.74 = 30587.67$（元）。

10.5 衬铅及搪铅工程

1. 概念

衬铅主要用于稀硫酸和硫酸盐介质中，适用于正压、静负荷，工作温度小于 90℃ 的情况。小型设备用起吊工具可以转动或放在托轮上，能转动的设备应采用转动衬铅、搪铅铆钉固定法；大型钢体设备及混凝土层上的衬铅是无法转动的，必须要考虑好展料、焊接、固定等问题。

搪铅耐腐蚀性能同衬铅。搪铅时，将处理好的设备表面，先刷一层焊药后，用气焊加温，当温度达到 320~350℃ 时再涂一层焊剂水，如果表面形成的焊剂层呈现湿润光泽，就把焊条熔化上去，火焰对着熔化铅向前走动，熔铅就焊着在设备表面上。搪铅适用于真空、振动、较高温度和传热等工况。

2. 使用要求

（1）铅板焊接采用"氢 + 氧焰"；搪铅采用"氧 + 乙炔焰"。

（2）工程量清单不包括金属表面除锈工作。

（3）设备衬铅不分直径大小，均卧放在滚动器上施工，对已经安装好的设备进行挂衬铅板施工时其人工乘以系数 1.39，材料、机械消耗量不得调整。

（4）设备、型钢表面衬铅，铅板厚度按 3mm 考虑，若铅板厚度大于 3mm 时，其人工乘以系数 1.2，材料按实际进行计算。

（5）设备衬铅如设计要求安装后再衬铅需注明。

3. 衬铅及搪铅工程计算规则

以平方米（m²）计量，按设计图示表面积计算。

4. 实训练习

【例 10-5】某钢制储罐如图 10-6 所示，内表面采用压板法衬铅，内表面的表面积为

$25.32m^2$，试计算其压板法衬铅的工程量。

【解】（1）清单工程量。清单工程量计算规则：以平方米（m^2）计量，按设计图示表面积计算。

压板法衬铅的工程量 = 25.32（m^2）。

（2）定额工程量。定额工程量同清单工程量。

【小贴士】式中"25.32"为设备内表面的表面积。

（3）计价。套用《河南省通用安装工程预算定额》（HA-02-31-2016）中子目 12-7-1，见表 10-5。

图 10-6　钢制储罐

表 10-5　压板法衬铅 （单位：10m²）

定额编号		12-7-1	12-7-2	12-7-3	12-7-4
项目		设备			型钢及支架包铅
		压板法	螺栓固定法	搪钉法	
基价/元		5896.24	4568.06	8600.05	8533.09
其中	人工费/元	2409.46	2159.95	3827.11	5103.70
	材料费/元	725.18	90.40	1594.17	62.74
	机械使用费/元	1300.30	993.56	937.80	492.75
	其他措施费/元	108.25	98.09	166.01	212.90
	安文费/元	224.25	203.20	343.89	441.02
	管理费/元	552.88	500.99	847.87	1087.34
	利润/元	284.17	257.50	435.79	558.87
	规费/元	291.75	264.37	447.41	573.77

计价：$25.32/10 \times 5896.24 = 14929.28$（元）。

10.6　喷镀（涂）工程

1. 概念

喷镀是将金属材料高温熔化后立刻用惰性气体或压缩空气吹成雾状，并喷涂在物体表面的过程。

喷塑是将塑料熔化后喷到物体表面的过程。

2. 使用要求

（1）喷镀采用国产 SQP-1（高速、中速）气喷枪；喷塑采用塑料粉末喷枪。

（2）定额不包括除锈工作内容。

（3）喷镀和喷塑采用氧乙炔焰。

3. 喷镀（涂）工程计算规则

（1）设备喷镀（涂）。

1）以平方米（m²）计量，按设备图示表面积计算。

2）以公斤（kg）计量，按设备零部件质量计量。

（2）管道喷镀（涂）、型钢喷镀（涂）。以平方米（m²）计量，按设计图示表面积计算。

（3）一般钢结构喷（涂）塑。以公斤（kg）计量，按图示金属结构质量计算。

4. 实训练习

【例10-6】某建筑采暖管道示意图及三维示意图如图10-7、图10-8所示，图中左侧供暖管道管径为DN50，铸铁板式散热器的尺寸为480mm×360mm，安装高度为0.3m，供暖管道立管长度为1.2m，试计算右侧管道喷锌工程量。

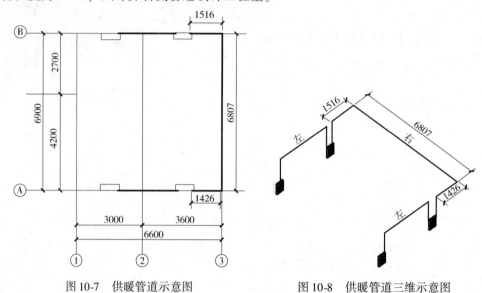

图10-7 供暖管道示意图　　　　图10-8 供暖管道三维示意图

【解】（1）清单工程量。清单工程量计算规则：以平方米（m²）计量，按设计图示表面积计算。

管道喷锌工程量 =（1.2 × 2 + 1.516 + 1.426 + 6.807）× 3.14 × 0.05 = 1.91（m²）。

（2）定额工程量。定额工程量同清单工程量。

【小贴士】式中"1.2"为供暖立管的长度；"0.05"为供暖管道直径。

（3）计价。套用《河南省通用安装工程预算定额》（HA-02-31-2016）中子目12-8-12，见表10-6。

表10-6　管道喷锌　　　　（单位：10m²）

定额编号		12-8-9	12-8-10	12-8-11	12-8-12
项目		喷锌			
		设备			管道
		0.15mm	0.2mm	0.3mm	0.15
基价/元		1342.22	1570.61	1726.96	1435.25
其中	人工费/元	649.85	752.28	804.66	709.97
	材料费/元	43.16	54.36	77.73	43.16

（续）

其中	机械使用费/元	291.93	350.48	402.28	291.93
	其他措施费/元	26.47	30.63	32.77	28.91
	安文费/元	54.83	63.45	67.87	59.88
	管理费/元	135.17	156.45	167.34	147.62
	利润/元	69.48	80.41	86.01	75.88
	规费/元	71.33	82.55	88.30	77.90

计价：$1.91/10 \times 1435.25 = 274.13$（元）。

10.7 绝热工程

1. 概念

绝热工程由基本绝热层、外部保护覆面层及固定件组成。基本绝热层用于保证防止被绝热表面的热损失。外部保护覆面层用于防止基本绝热层遭受机械破坏、潮湿、腐蚀性介质的作用、风化及腐蚀。该层要紧贴基本绝热层，赋予绝热结构必需的整体强度。

2. 使用要求

（1）设备形式是指立式、卧式或球形。

（2）层数是指一布二油、两布三油等。

（3）对象是指设备、管道、通风管道、阀门、法兰、钢结构。

（4）结构形式是指钢结构，包括一般钢结构、H型钢制结构、管廊钢结构。

（5）如设计要求保温、保冷分层施工需注明。

（6）镀锌薄钢板保护层厚度按0.8mm以下综合考虑，若厚度大于0.8mm时，其人工乘以系数1.2。

（7）铝皮保护层执行镀锌薄钢板保护层安装项目，主材可以换算，若厚度大于1mm时，其人工乘以系数1.2。

（8）采用不锈钢薄板作保护层，执行金属保护层相应项目，其人工乘以系数1.25，钻头消耗量乘以系数2.0，机械乘以系数1.15。

（9）管道绝热均按现场安装后绝热施工考虑，若先绝热后安装时，其人工乘以系数0.9。

（10）伴热管道、设备绝热工程量计算方法是：主绝热管道或设备的直径加上伴热管道的直径，再加上10~20mm的间隙作为计算的直径，即：$D = D_{主} + d_{伴} + （10 \sim 20\text{mm}）$。

（11）管道绝热工程，除法兰、阀门单独套用定额外，其他管件均已考虑在内；设备绝热工程，除法兰、人孔单独套用定额外，其封头绝热并入设备。

（12）硬质瓦块安装适用于珍珠岩、蛭石、微孔硅酸钙等。

（13）毡类制品安装适用于缝毡、带网带布制品、黏接成品。

（14）聚氨酯泡沫塑料瓦块安装子目执行泡沫塑料瓦块相应子目。

（15）保温卷材安装执行相同材质的板材安装项目，其人工、钢丝消耗量不变，但卷材用量损耗率按 31.1% 考虑。

（16）复合成品材料安装执行相同材质瓦块（或管壳）安装项目。复合材料分别安装时应按分层计算。

（17）根据绝热工程施工及验收技术规范，保温层厚度大于 100mm，保冷层厚度大于75mm 时，若分层安装的，其工程量可按两层计算并分别套用定额子目；如厚 140mm 的要两层，分别为 60mm 和 80mm，该两层分别计算工程量，套用定额时，按单层 60mm 和 80mm分别套用定额子目。

（18）聚氨酯泡沫塑料发泡安装，是按无模具直喷施工考虑的。若采用有模具浇注安装，其模具（制作安装）费另行计算；由于批量不同，相差悬殊的，可另行协商，分次摊销。发泡效果受环境温度条件影明较大，因此本定额以成品立方米（m³）计算，环境温度低于 15℃ 应采用措施，其费用另计。

（19）设备筒体、管道绝热工程量：$V = \pi \cdot (D + 1.033\delta) \cdot 1.033\delta \cdot L$，其中，$\pi$ 为圆周率；D 为直径；1.033 为调整系数；δ 为绝热厚度；L 为设备筒体高或管道延长米。

（20）设备筒体、管道防潮和保护层工程量：$S = \pi \cdot (D + 2.1\delta + 0.0082) \cdot L$，其中，2.1 为调整系数；0.0082 为捆扎线直径或钢带厚度。

3. 绝热工程计算规则

（1）设备、管道、阀门、法兰绝热。以立方米（m³）计量，按设计图示表面积加上绝热层厚度及调整系数计算。

（2）通风管道绝热。

1）以立方米（m³）计量，按设计图示表面积加上绝热层厚度及调整系数计算。

2）以平方米（m²）计量，按设计图示表面积及调整系数计算。

（3）喷涂、涂抹。以平方米（m²）计量，按设计图示表面积计算。

（4）防潮层、保护层。

1）以平方米（m²）计量，按设计图示表面积加上绝热层厚度及调整系数计算。

2）以公斤（kg）计量，按设计图示金属结构质量计算。

（5）保温盒、保温托盘。

1）以平方米（m²）计量，按设计图示表面积计算。

2）以公斤（kg）计量，按设计图示金属结构质量计算。

4. 实训练习

【例 10-7】某工业管道需做绝热处理，管道长度为 140m，管道直径为 DN100，采用珍珠岩做绝热层，绝热层厚度为 40mm，试计算该绝热工程的工程量。

【解】（1）清单工程量。清单工程量计算规则：以平方米（m²）计量，按设计图示表面积加上绝热层厚度及调整系数计算。

绝热层工程量：

$$V = \pi \times (D + 1.033\delta) \times 1.033\delta \times L$$
$$= 3.14 \times (0.1 + 1.033 \times 0.04) \times 1.033 \times 0.04 \times 140$$
$$= 2.57 \ (m^3)。$$

（2）定额工程量。定额工程量同清单工程量。

【小贴士】式中"140"为管道的长度；"0.1"为管道直径。

（3）计价。套用《河南省通用安装工程预算定额》（HA-02-31-2016）中子目 12-4-5，见表 10-7。

表 10-7　绝热工程　　　　　　　　　　（单位：m³）

定额编号		12-4-5	12-4-6	12-4-7	12-4-8
项目		管道 DN125 以下（厚度）			
		40mm	60mm	80mm	100mm
基价/元		586.96	441.28	363.81	279.00
其中	人工费/元	324.49	228.66	178.63	123.98
	材料费/元	58.55	58.50	58.50	58.50
	机械使用费/元	20.40	20.40	20.40	20.40
	其他措施费/元	13.82	9.91	7.87	5.64
	安文费/元	28.62	20.52	16.31	11.68
	管理费/元	70.57	50.59	40.20	28.80
	利润/元	36.27	26.00	20.67	14.80
	规费/元	37.24	26.70	21.22	15.20

计价：$2.57 \times 586.96 = 1508.49$（元）。

第 11 章　安装工程工程量清单与定额计价

11.1　安装工程工程量清单及编制

1. 工程量清单的概念

工程量清单是建设工程的分部（分项）工程项目、措施项目、其他项目、规费项目和税金、项目的名称和相应数量等的明细清单。在建设工程承包、发包及实施过程的不同阶段，又可分别称为招标工程量清单和已标价工程量清单。招标工程量清单是指招标人依据国家标准、招标文件、设计文件以及施工现场实际情况编制的，随招标文件发布供投标人投标报价的工程量清单，包括其说明和表格。已标价工程量清单，是指构成合同文件组成部分的投标文件中已标明价格，经算术性错误修正（如有）且承包人已确认的工程量清单，包括其说明和表格。

2. 工程量清单的编制

（1）一般规定。工程量清单是招标文件的组成部分，主要由分部（分项）工程量清单、措施项目清单，其他项目清单、规费项目清单和税金项目清单等组成，是编制标底和投标报价的依据，是签订合同、调整工程量和办理竣工结算的基础。

工程量清单由有编制招标文件能力的招标人或受其委托具有相应资质的工程造价咨询机构、招标代理机构依据有关计价办法、招标文件的有关要求，设计文件和施工现场实际情况进行编制。

（2）工程量清单项目设置。

1）项目编码。以五级编码设置，用 12 位阿拉伯数字表示。一、二、三、四级编码统一，第五级编码由工程量清单编制人区分具体工程的清单项目特征而分别编码。各级编码代表的含义如下：

①第一级表示专业工程代码（分二位）：房屋建筑和装饰工程为 01；通用安装工程为 03；市政工程为 04；园林绿化工程为 05。

②第二级表示附录分类顺序码（分二位）。

③第三级表示分部工程顺序码（分二位）。

④第四级表示分项工程项目名称顺序码（分三位）。

⑤第五级表示工程量清单项目名称顺序码（分三位）。

2）项目名称。原则上以形成工程实体而命名。项目名称如有缺项。招标人可按相应的原则进行补充，并报当地工程造价管理部门备案。

3）项目特征。是对项目的准确描述，是影响价格的因素，是设置具体清单项目的依据。项目特征按不同的工程部位施工工艺或材料品种、规格等分别列项。凡项目特征中未描述到的其他独有特征，由清单编制人视项目具体情况确定。以准确描述清单项目为准。

4）计量单位。应采用基本单位，除各专业另有特殊规定外。

5）工作内容。工作内容是指完成该清单项目可能发生的具体工程，可供招标人确定清单项目和投标人投标报价参考。

凡工作内容中未列的其他具体工程，由投标人按照招标文件或图纸要求编制以完成清单项目为准综合考虑到报表中。

3. 工程量的计算

工程量的计算主要通过工程量计算规则计算得到。工程量计算规则是指对清单项目工程量的计算规定。除另有说明外，所有清单项目的工程量应以实体工程量为准，并以完成后的净值计算。投标人投标报价时，应在单价中考虑施工中的各种损耗和需要增加的工程量。

4. 工程量清单编制的原则

（1）满足建设工程施工招标的需要，能对工程造价进行合理确定和有效控制。

（2）做到"四个统一"，即统一项目编码、统一工程量计算规则、统一计量单位、统一项目名称。

（3）利于规范建筑市场的计价行为。促进企业经营管理、技术进步，增加市场上的竞争力。

（4）适当考虑我国目前工程造价管理工作现状实行市场调节价。

5. 工程量清单的编制依据

（1）招标文件规定的相关内容。

（2）拟建工程设计施工图纸。

（3）施工现场的情况。

（4）统一的工程量计算规则、分部（分项）工程的项目划分、计量单位等。

11.2 工程量清单计价概述

11.2.1 工程量清单计价的适用范围

（1）全部使用国有资金投资或国有资金投资为主的大、中型建设工程必须采用工程量清单计价方式；其他依法招标的建设工程，应采用工程量清单计价方式。

（2）依法不招标的建设工程可以采用工程量清单计价或计价表计价方式。

（3）凡是采用工程量清单计价方式的，不论资金来源是国有资金、国外资金、贷款、援助资金或私人资金都必须遵守计价规范的规定。

（4）施工图预算一般采用计价表计价方式。

11.2.2 工程量清单计价的基本原理

1. 工程量清单计价的基本方法与程序

工程量清单计价的基本过程可以描述为：在统一的工程量计算规则的基础上，制订工程量清单项目设置规则，根据具体工程的施工图纸计算出各个清单项目的工程量，再根据各种渠道所获得的工程造价信息和经验数据计算得到工程造价。

投标报价是在业主提供的工程量计算结果的基础上，根据企业自身所掌握的各种信息、资料，结合企业定额编制得出的。

（1）分部（分项）工程费 = ∑分部（分项）工程量 × 分部（分项）工程单价。其中分部（分项）工程单价由人工费、材料费、机械费、管理费、利润等组成，并考虑风险费用。

（2）措施项目费 = ∑措施项目工程量 × 措施项目综合单价。其中措施项目包括通用项目、建筑工程措施项目、安装工程措施项目和市政工程措施项目，措施项目综合单价的构成与分部（分项）工程单价构成类似。

（3）单位工程报价 = 分部（分项）工程费 + 措施项目费 + 其他项目费 + 规费 + 税金。

（4）单项工程报价 = ∑单位工程报价。

（5）建设项目总报价 = ∑单项工程报价。

2. 工程量清单计价的操作过程

就我国目前的实践而言，工程量清单计价作为一种市场价格的形成机制，其使用主要在工程招标投标阶段。因此工程量清单计价的操作过程可以从招标、投标、评标三个阶段来阐述。

（1）招标阶段。招标单位在工程方案、初步设计或部分施工图设计完成后，即可委托标底编制单位（或招标代理单位）按照统一的工程量计算规则，再以单位工程为对象，计算并列出各分部（分项）工程的工程量清单（应附有有关的施工内容说明），作为招标文件的组成部分发放给各投标单位。其工程量清单的粗细程度、准确程度取决于工程的设计深度及编制人员的技术水平和经验。在分部（分项）工程量清单中，项目编号、项目名称、计量单位和工程数量等由招标单位根据全国统一的工程量清单项目设置规则和计量规则填写。单价与合价由投标人根据自己的施工组织设计以及招标单位对工程的质量要求等因素综合评定后填写。

（2）投标阶段。投标单位接到招标文件后，首先，要对招标文件进行透彻的分析研究，对图纸进行仔细的理解。其次，要对招标文件中所列的工程量清单进行审核，审核中，要视招标单位是否允许对工程量清单内所列的工程量误差进行调整决定审核办法。第三，工程量套用单价及汇总计算。工程量单价的套用有两种方法：一种是工料单价法，一种是综合单价法。使用工料单价法时，虽然价格的构成比较清楚，但缺点也是明显的，它反映不出工程实际的质量要求和投标企业的真实技术水平，容易使企业再次陷入定额计价的老路。综合单价法的优点是当工程量发生变更时，易于查对，能够反映本企业的技术能力和工程管理能力。根据我国现行的工程量清单计价办法，通常采用的是综合单价法。

（3）评标阶段。在评标时可以对投标单位的最终总报价以及分项工程的综合单价的合理性进行评分。在评标时仍然可以采用综合计分的方法或者采用两阶段评标的办法。

11.3 工程量清单计价的应用

11.3.1 招标控制价

1. 招标控制价的概念

招标人根据国家或省级、行业建设主管部门颁发的有关计价依据和办法，以及拟定的招标文件和招标工程量清单，结合工程具体情况编制的招标工程的最高投标限价。

2. 招标控制价的编制依据

（1）《建设工程工程量清单计价规范》。

（2）国家或省级、行业建设主管部门颁发的计价定额和计价办法。

（3）建设工程设计文件及相关资料。

（4）招标文件中的工程量清单及有关要求。

（5）与建设项目相关的标准、规范、技术资料。

（6）工程造价管理机构发布的工程造价信息以及工程造价信息没有发布的参照市场价。

（7）其他的相关资料。

3. 招标控制价的编制程序

（1）了解编制要求与范围。

（2）熟悉施工图纸和有关文件。

（3）熟悉与建设工程有关的标准、规范及技术资料。

（4）熟悉拟定的招标文件及其补充通知、答疑纪要等。

（5）了解施工现场情况和工程特点。

（6）熟悉工程量清单。

（7）工程造价汇总、分析、审核。

（8）成果文件确认、盖章。

（9）提交成果文件。

4. 作用

（1）招标人有效控制项目投资，防止恶性投标带来的投资风险。

（2）增强招标过程的透明度，有利于正常评标。

（3）利于引导投标方投标报价，避免投标方在无标底情况下的无序竞争。

（4）招标控制价反映的是社会平均水平，为招标人判断最低投标价是否低于成本提供参考依据。

（5）可为工程变更新增项目确定单价提供计算依据。

（6）作为评标的参考依据，避免出现较大偏离。

（7）投标人根据自己的企业实力、施工方案等报价，不必揣测招标人的标底，提高了市场交易效率。

（8）减少了投标人的交易成本，使投标人不必花费人力、财力去套取招标人的标底。

（9）招标人把工程投资控制在招标控制价范围内，提高了交易成功的可能性。

11.3.2　投标价

1. 投标价的概念

投标价即投标报价，是指在承包商采取投标方式承揽工程项目时，计算和确定承包该工程的投标总价格。

投标价是指在工程招标发包过程中，由投标人或其委托具有相应资质的工程造价咨询人按照招标文件的要求以及有关计价规定，依据发包人提供的工程量清单、施工图纸，结合项目工程特点、施工现场情况及企业自身的资格条件、施工技术、装备和管理水平等，自主确定的工程造价。

2. 编制规定

（1）投标价中除现行的《建设工程工程量清单计价规范》（GB 50500）中规定的规费、税金及措施项目清单中的安全文明施工费应按国家或省级、行业建设主管部门的规定计价不得作为竞争性费用外，其他项目的投标报价由投标人自主决定。

（2）投标人的投标报价不得低于成本价格。《中华人民共和国反不正当竞争法》第十一条规定："经营者不得以排挤竞争对手为目的，以低于成本的价格销售商品。"，《中华人民共和国招标投标法》第四十一条规定："中标人的投标应当符合下列条件……（二）能够满足招标文件的实质性要求，并且经评审的投标价格最低；但是投标价格低于成本的除外。"，《评标委员会和评标方法暂行规定》（国家七部委第 12 号令）第二十一条规定："在评标过程中，评标委员会发现投标人的报价明显低于其他投标报价或者在设有标底时明显低于标底，使得其投标报价可能低于其个别成本的，应当要求该投标人作出书面说明并提供相关证明材料。投标人不能合理说明或者不能提供相关证明材料的，由评标委员会认定该投标人以低于成本报价竞标，其投标应作废标处理。"

（3）投标价应由投标人或受其委托具有相应资质的工程造价咨询人编制。

（4）实行工程量清单招标，招标人在招标文件中提供工程量清单，其目的是使各投标人在投标报价中具有平等、共同的竞争平台。因此，要求投标人在投标报价中填写的工程量清单的项目编码、项目名称、项目特征、计量单位、工程数量必须与招标人招标文件中提供的一致。

11.3.3 合同价款的确定与调整

1. 合同价款的一般规定

（1）实行招标的工程合同价款应在中标通知书发出之日起 30 天内，由发包、承包双方依据招标文件和中标人的投标文件在书面合同中约定。合同约定不得违背招标、投标文件中关于工期、造价、质量等方面的实质性内容，招标文件与中标人投标文件不一致的地方，以投标文件为准。

（2）不实行招标的工程合同价款，应在发包、承包双方认可的工程价款基础上，由发包、承包双方在合同中约定。

（3）实行工程量清单计价的工程，应采用单价合同。建设规模较小，技术难度较低，工期较短，且施工图设计已审查批准的建设工程可采用总价合同，紧急抢险、救灾以及施工技术特别复杂的建设工程可采用成本加酬金合同。

2. 合同价款约定的内容

（1）发包、承包双方应在合同条款中对下列事项进行约定。

1）预付工程款的数额、支付时间及抵扣方式。

2）安全文明施工措施的支付计划、使用要求等。

3）工程计量与支付工程进度款的方式、数额及时间。

4）工程价款的调整因素、方法、程序、支付及时间。

5）施工索赔与现场签证的程序、金额确认与支付时间。

6）承担计价风险的内容、范围以及超出约定内容、范围的调整办法。

7）工程竣工价款结算编制与核对、支付及时间。

8）工程质量保证金的数额、预留方式及时间。

9）违约责任以及发生合同价款争议的解决方法及时间。

10）与履行合同、支付价款有关的其他事项等。

（2）合同中没有按照现行《建设工程工程量清单计价规范》（GB 50500）的要求约定或约定不明的，若发包、承包双方在合同履行中发生争议由双方协商确定；当协商不能达成一致时，应按现行《建设工程工程量清单计价规范》（GB 50500）的规定执行。

11.3.4　竣工结算价

工程竣工后，承包方按照合同约定的条款和结算方式，向业主结清双方往来款项金额。工程结算价在项目施工中通常需要发生多次，一直到整个项目全部竣工验收，还需要进行最终建筑产品的工程竣工结算（即工程竣工结算价）。从而完成最终建筑产品的工程造价的确定和控制。在此主要阐述工程备料款、工程价款和完工后的结算。

11.4　安装工程定额计价

11.4.1　安装工程定额概述

定额计价法是常用的一种计价模式，其基本特征就是"价格 = 定额 + 费用 + 文件规定"，并作为法定性的依据强制执行，不论是工程招标编制标底还是投标报价均以此为唯一的依据，承包、发包双方共用一本定额和费用标准确定标底价和投标报价，一旦定额价与市场价脱节就影响计价的准确性。定额计价是建立在以政府定价为主导的计划经济管理基础上的价格管理模式，所体现的是政府对工程价格的直接管理和调控。

11.4.2　安装工程定额计价的程序

工程定额计价模式实际上是国家通过颁布统一的计价定额或指标，对建筑产品价格进行有计划的管理。国家以假定的建筑安装产品为对象，制订统一的预算和概算定额。计算出每一单元子项的费用后再综合形成整个工程的价格。工程计价的基本程序如图 11-1 所示。

从图 11-1 中可以看出编制建设工程造价最基本的过程有两个：工程量计算和工程计价。为统一口径，工程量的计算均按照统一的项目划分和工程量计算规则计算。工程量确定以后，就可以按照一定的方法确定出工程的成本及盈利，最终就可以确定出工程预算造价（或投标报价）。定额计价方法的特点就是量与价的结合。概预算的单位价格的形成过程，就是依据概预算定额所确定的消耗量乘以定额单价或市场价，经过不同层次的计算达到量与价的最优结合过程。

可以确定建筑产品价格定额计价的基本方法和程序，可以用公式表示如下：

（1）每一计量单位建筑产品的基本构造要素（假定建筑产品）的直接工程费 = 人工费 + 材料费 + 施工机械使用费。

其中：人工费 = $\sum$（人工工日数量 × 人工日工资标准）。

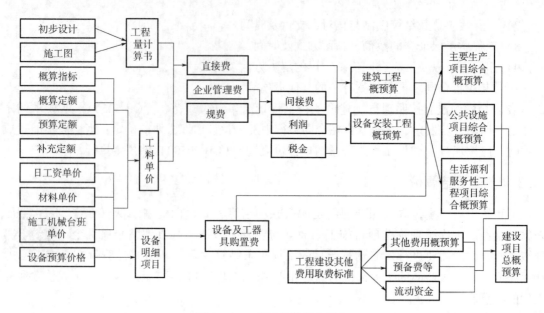

图 11-1　工程计价的基本程序

材料费 = Σ（材料用量 × 材料基价）+ 检验试验费。

机械使用费 = Σ（机械台班用量 × 台班单价）。

（2）单位工程直接费 = Σ（假定建筑产品工程量 × 直接工程费单价）+ 措施费。

（3）单位工程概预算造价 = 单位工程直接费 + 间接费 + 利润 + 税金。

（4）单项工程概算造价 = Σ单位工程概预算造价 + 设备、工器具购置费。

（5）建设项目全部工程概算造价 = Σ单项工程的概算造价 + 预备费 + 有关的其他费用。

11.4.3　安装工程定额计价的依据

采用定额计价模式时，工程计价依据由国家或国家授权的地方工程造价管理部门编制。工程造价部门根据当地的技术经济条件、施工水平、常用施工方法以及地方工程建设特点，编制适用于该地区或该部门的建筑安装工程消耗定额。根据当地的人工、材料、机械台班资源要素的市场价格水平，综合测算后，制订出在某一时期内适用于当地的人工、材料、机械台班（又称三要素）预算价格；同时测算典型工程的费用消耗情况，并考虑整个地区的费用消耗水平，制订出适用于该地区的费用项目和费用标准，即取费定额。这些计价依据在应用或长或短的一段时间后，往往与工程实践情况相去较远，相对比较稳定的工程消耗定额也会因新工艺、新材料等的应用需要更新补充；三要素的预算价格会慢慢脱离市场价格水平；相应费用标准也会脱离实际，因此当市场价格发生较大变化、与预算价格有较大差异时，工程造价管理部门则随时跟踪市场变化，制订出有关价格、费用标准的调整方法、调整系数或重新编制出适用于新时期的消耗定额、预算价格和费用标准。

采用定额计价时，工程计价依据具有行政法规的属性，要求该地区（规定范围内）的所有建设工程计价必须严格地按这些依据进行，当发包和承包双方发生工程造价方面的矛盾、纠纷时，处理纠纷的过程中，更主要的是考虑工程计价是否按有关行政部门的计价依据进行计价。采用这种计价依据进行工程计价，消耗定额、预算价格和费用标准直接决定了工程造价的高低。消耗定额项目划分的口径、每个定额项目包含的工程内容，以及费用项目包含的具体内容、计算方法及计算标准和计价程序直接决定了某个具体工程造价文件的编制方法和文件格式。定额计价模式充分考虑了全社会在工程建设中的平均消耗和管理水平，但同时也忽略了单个项目在项目管理和项目建设中消耗的差异性，使得许多技术水平、管理水平和消耗水平有优势的企业单位无法将这些优势转化成工程价格优势和竞争优势，也难以形成市场竞争激励机制，与市场经济规律不相适宜。

11.4.4　定额基价中人工费、材料费及机械台班费的确定

1. 定额基价中人工费的确定

人工费是指整个工程中所耗的工人工资（如泥瓦工、木工、水电工、油漆工等的工资）；当执行定额计费时，确定标准应按照建设工程预算定额的"工程量计算规则"，同时参照省级定额站发布的季节性人工工日单价执行，可能定额规定得出的定额人工费不能很正确地反映当前标准，所以实际取费是要加上费率的。规定费率的目的在于跟现在的实际工价接轨，按当地当时的费率表来确定费率。由此得出能反映当前情况的实际人工费消耗。

2. 定额基价中材料费的确定

材料费是指材料（包括构件、成品及半成品等）从其来源地（或交货地点或供应者仓库提货地点）到达施工工地仓库（施工地点内存放材料的地点）后出库的费用。影响材料费的因素为市场供需变化、材料生产成本的变动、流通环节和供应体制、运输距离和运输方法，以及材料的采购方式。例如脚手架或模板等工具性的周转材料，通过购买实现多次使用，可按摊销计算；也可以通过租赁方式实现短期使用，费用按直接利用租赁单价乘以使用时间计取，不再按摊销方式计算。

3. 定额基价中机械台班费的确定

机械台班费是指单位工作台班中为使机械正常运转所分摊和支出的各项费用。影响机械台班费的因素为施工机械的价格、机械的使用年限、机械的使用效率和管理水平、政府征收税费的规定、机械的购买方式。例如施工机械，通过购买实现多次使用，可按台班摊销计算；也可以通过租赁方式实现短期使用，费用按直接利用租赁单价乘以使用时间计取，不再按台班摊销计算。

第12章　安装工程造价软件的运用

12.1　广联达工程造价算量软件概述

1. 概述

随着科学的不断发展，建筑结构越来越复杂，人工计算的难度也不断增加，并且对于工程造价的准确度也提出了更高的要求，人工计算已经不适合当前发展的需要。所以，各种各样的工程软件替代人工进行计算是社会发展的必然。随着计算机技术的发展，通过计算机对工程量进行计算成为建筑行业在计算机应用技术方面的新热点。在工程造价过程中，"电算化"发挥的作用越来越大，在实际应用中可以大大减小劳动强度，同时能够准确计算出结果，进一步提高造价人员的工作效率以及工作质量。

工程造价软件主要包括工程量计算软件、钢筋计算软件、工程计价软件、评标软件等，主要用户是建设方、施工方、设计方、中介咨询机构及政府部门。常见的造价软件有广联达、鲁班、神机妙算件、PKPM（中国建筑科学研究院）、清华斯维尔等。

2. 类别

广联达工程造价软件主要由工程量清单计价软件（GBQ）、图形算量软件（GCL）、钢筋算量软件（GGJ）、钢筋翻样软件（GFY）、安装算量软件（GQI）、材料管理软件（GMM）、精装算量软件（GDQ）、市政算量软件（GMA）等组成，进行套价、工程量计算、钢筋用量计算、钢筋现场管控、安装工程量计算、材料的管理、装修的工程量价处理、桥梁及道路等的工程量计算等。软件内置了规范和图集，自动实行扣减，还可以根据公司和个人用户需要，对其进行设置修改，选择需要的格式报表等。安装好广联达工程算量和造价系列软件后，装上相对应的加密锁，双击相应的图标，即可启动软件。广联达软件图标示意图如图 12-1 所示。

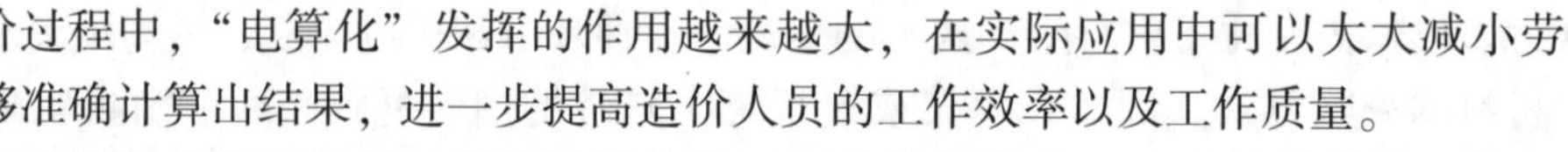

 土建计量GTJ
建造整个世界 度量每种可能

 BIM安装计量GQI
只为更好的安装

 广联达 BIM+ 技术管...
管理升级，技术先行

图 12-1　广联达软件图标示意图

3. 广联达工程造价软件的优点

（1）提高工作效率、节省时间。

（2）简化计算、准确快捷。

（3）报表规范、存档有序。

（4）编制定额、自动排版。

（5）智能化。能自动识别电子版设计文件，有效利用电子图纸，根据定义快速识别管线、设备、元件等。

（6）模拟实际施工过程，描图的过程就是实际施工的过程。

4. 广联达工程造价软件的作用

（1）"工程量表"专业、简单。软件设置了工程量表，回归算量的业务本质，帮助工程量计算人员理清算量思路，完整算量。

（2）软件提供了完善的工程量表和做法库，并可按照需要进行灵活编辑，不同工程之间可以直接调用，"一次积累，多次使用"。软件内置地方计算规则，可按照规则自动计算工程量，也可以按照工程需要自由调整计算规则按需计算。

（3）采用广联达自主研发的三维精确计算方法，当规则要求按实计算工程量时，可以三维精确扣减按实计算，各类构件就能得到精确的计算结果。

（4）简化界面流程、规范界面图标。用户可自由选择纯图标模式或图标结合汉字模式，同时功能操作的每一步都有相应的文字提示，并且从定义构件属性到构件绘制，流程一致。

（5）报表清晰、内容丰富。软件中配置了三类报表，每类报表按汇总层次进行逐级细分来统计工程量。

5. 基于 BIM 技术的安装计量软件

随着信息技术的高速发展，在建筑领域，BIM（Building Information Modeling，建筑信息模型）技术正在引发一场变革。而工程造价作为承接 BIM 设计模型和向施工管理输出模型的中间关键阶段，起着至关重要的作用。BIM 技术的应用，颠覆了以往传统的造价模式，造价岗位也将面临新的洗礼，造价人员必须逐渐转型，接受 BIM 技术，掌握新的 BIM 造价方法。

6. 广联达软件在工程造价中应用意义

在工程造价当中，广联达软件的应用功能不但使用方便，而且进一步加快了预算编制速度，提升了工程造价的工作效率。现在在工程造价软件方面，广联达在市场上推出的主要有两类软件，分别为广联达清单计价软件和广联达图形算量软件。广联达图形算量软件主要含有广联达土建算量软件、套价软件以及钢筋算量软件。

12.2　广联达工程造价算量软件算量原理

广联达 BIM 安装计量 GQI2019 软件通过以画图方式建立安装构件的算量模型，根据内置的计算规则实现自动扣减，从而让工程造价从业人员快速、准确进行算量、核量、对量工作。

广联达 BIM 安装计量 GQI2019 软件能够计算的工程量包括：给水排水工程的软件算量、消火栓管道工程的软件算量、喷淋工程的软件算量、电气工程的软件算量等。

例如给水排水工程量的编制原理主要是：

（1）看图应先看图纸总说明，了解工程的基本情况，并先明白图上特别注明的图例。

（2）再从一层平面图开始看，看平面图图上管道类型、管径、走向、布置方位，再看平面图图上卫生洁具的平面布置，对系统有个初步的了解。

（3）标准层的平面图基本与一层平面图相同，不同的是埋在底下的进出口管道。

（4）对照平面图看系统图，一般给水排水系统图用轴测图表示。

（5）看各个单元具体施工布置及要求。顺序是先干管后支管，对照图纸说明，明确管材、管径、安装要求等。

运行软件时，需要通过画图的方式，快速建立安装构件的计算模型，软件会根据内置的平法图集和规范实现自动扣减，准确算量。

广联达 BIM 安装计量 GQI2019 软件参照传统手工算量的基本原理，将手工算量的模式与方法内置到软件中，依据最新的平法图集规范，从而实现了安装算量工作的程序化，加快了造价人员的计算速度，提高了计算的准确度。

12.3 广联达工程造价算量软件操作流程

1. 广联达操作流程

广联达 BIM 安装计量 GQI2019 软件是一款基于 BIM 技术的算量软件。可以通过三维绘图、导入 BIM 结构设计模型、二维 CAD 图纸识别等多种方式建立算量模型，有效地节省了安装算量的时间。

广联达 BIM 安装计量 GQI2019 软件操作流程如图 12-2 所示。

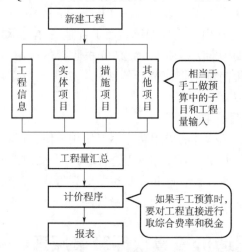

图 12-2　广联达 BIM 安装计量 GQI2019 软件操作流程

2. 广联达 BIM 安装计量 GQI2019 软件操作步骤

广联达 BIM 安装计量 GQI2019 软件整体操作流程：启动软件→新建工程→建立轴网→定义构件→绘制构件→汇总计算→打印报表→保存工程→退出软件。

（1）软件的启动。双击广联达 BIM 安装计量 GQI2019 软件或者在 Windows 菜单中找到广联达软件图标后单击打开。

（2）新建工程。启动软件之后，单击"新建"弹出新建工程向导窗口，如图 12-3 所示。

（3）输入新建工程信息。在新建工程向导窗口输入工

图 12-3　新建工程向导窗口

程信息，包括工程名称、工程专业、选择合适的计算规则、清单库和定额库，以及选择合适的算量模式，选择完成后，单击"创建工程"，如图 12-4 所示。

（4）工程信息设置。创建工程完成后，出现该软件主界面，单击左上角"工程信息"即出现"工程信息"窗口，如图 12-5 所示，根据图纸要求输入正确信息后，单击右上角关闭按钮即可。

（5）楼层设置。"工程信息"设置完成后，点击右侧"楼层设置"即出现"楼层设置"窗口，如图 12-6 所示，根据图纸要求输入正确楼层信息，建立整体的工程框架，然后单击右上角关闭按钮即可。

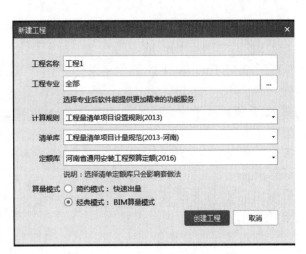

图 12-4　新建工程信息窗口

	属性名称	属性值
1	− 工程信息	
2	工程名称	工程1
3	计算规则	工程量清单项目设置规则(2013)
4	清单库	工程量清单项目计量规范(2013-河南)
5	定额库	河南省通用安装工程预算定额(2016)
6	项目代号	
7	工程类别	住宅
8	结构类型	框架结构
9	建筑特征	矩形
10	地下层数 (层)	1
11	地上层数 (层)	5
12	檐高(m)	15
13	建筑面积(m2)	
14	− 编制信息	
15	建设单位	
16	设计单位	
17	施工单位	
18	编制单位	
19	编制日期	2019-10-10
20	编制人	
21	编制人证号	
22	审核人	
23	审核人证号	

图 12-5　工程信息窗口

首层	编码	楼层名称	层高(m)	底标高(m)	相同层数	板厚(mm)	建筑面积(m2)	备注
☐	5	第5层	3	12	1	120		
☐	4	第4层	3	9	1	120		
☐	3	第3层	3	6	1	120		
☐	2	第2层	3	3	1	120		
☑	1	首层	3	0	1	120		
☐	0	基础层	3	-3	1	120		

图 12-6　楼层设置窗口

（6）建立轴网。双击"导航栏"中"轴网（O）"，即出现"轴网-1"的"定义"窗口，如图12-7所示。在"下开间、左进深、上开间、右进深"相应表格中输入图纸要求的尺寸信息，完成后单击右上角关闭按钮即可。

（7）导入CAD图纸。单击"图纸管理"，如图12-8所示。

 然后在右侧的"图纸管理"选项卡中单击"添加"，如图12-9所示。

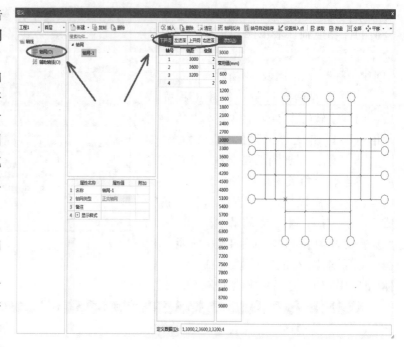

图 12-7　轴网定义窗口

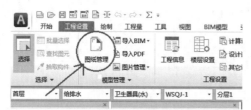

图 12-8　"图纸管理"

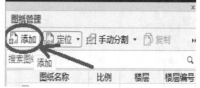

图 12-9　"添加"

在电脑中选择需要添加的图纸，单击"打开"，如图12-10所示。

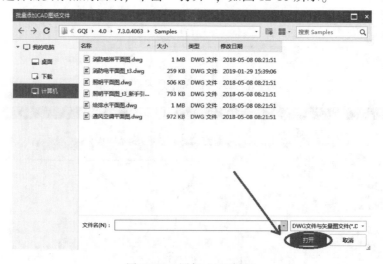

图 12-10　添加 CAD 图纸

打开后就可以在"图纸管理"下看到"模型",这就是导入的图纸了,如图 12-11 所示。

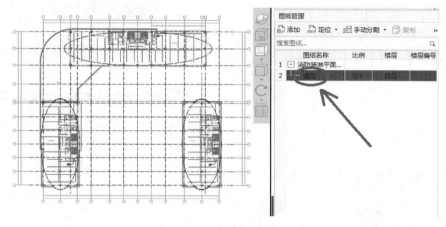

图 12-11　导入图纸

（8）设置构件。大致工程信息框架及轴网完成之后,再按照建筑详图和施工图所示定义构件。

以导航栏"给排水"为例,单击"卫生器具（水）（W）"后,右侧出现"构件列表"窗口,单击"新建",选择"新建卫生器具",出现"WSQJ-1 [台式洗脸盆]"选项栏,如图 12-12 所示。以此为例,在属性编辑器里输入图纸所要求的各个构件的尺寸及信息。其他构件的设置均按此方法进行。

（9）常见安装构件的识别顺序。

1）对于电气工程,先识别照明灯具、配电箱柜等设备,再识别桥架、线槽,然后按回路识别管线。

2）对于给水排水工程,先识别卫生器具,再识别管道,最后识别阀门等管道附件。

3）对于通风空调工程,先识别风管,再识别"通头",然后识别阀门、风口等部件及风机设备。

4）对于"消防水"工程,先识别喷头,再识别管道,最后识别阀门等管道附件。

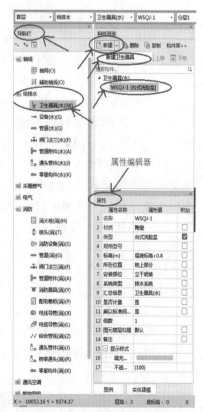

图 12-12　构件属性编辑器窗口

（10）工程建模。在设置好构件后根据工程图纸安装的顺序构建工程模型,再在广联达软件中按照要求添加上其他构件等。

（11）工程量汇总计算。画完构件图元后,如要查看该工程的总工程量,必须先进行汇总计算。在广联达软件左上栏有"汇总计算"条件窗口,单击后选择需要汇总的楼层,单击"计算"按钮后出现"正在计算图元工程量"提示框,如图 12-13 所示,软件自动汇总计算。汇总计算完成后,软件按照定额指标、明细表和汇总表三种类型提供多种报表以满足不同需求的工程量数据。在"工程量"选项栏中选择"报表预览"，根据算量需求选择相应的报表进行打印，如图 12-14 所示。

（12）打印报表。选择相应的报表进行查看后，可根据需求进行打印，如图 12-15 所示。

图 12-13　"正在计算图元工程量"窗口

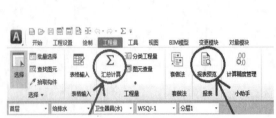

图 12-14　"汇总计算"和"报表预览"

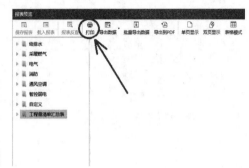

图 12-15　"打印报表"

（13）保存工程及退出软件。工程计量信息完成后，可单击左上角"保存"按钮，或单击左上角图标 A，选择"另存为"保存到相应的位置即可，单击"退出"按钮即可安全退出，如图 12-16 所示。

3. 广联达 BIM 安装计量软件的发展趋势

近年来，我国建筑业的新技术层出不穷，例如 BIM、大数据、云计算、VR、AR、物联网、3D 打印等。国家大力在推动 BIM 技术，以 BIM 技术为核心，保证不同应用软件之间能够基于统一的模型和标准进行高效互用，提高模型利用率。

未来的建筑将是数字建筑、虚实结合的建筑，在这个过程中让各专业设计人员以及设备材料制造

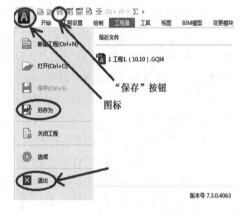

图 12-16　保存工程及退出软件

商、后期运行维护专业人员、业主、消费者共同利用 3D 设计、VR 技术，进行全要素、全过程模拟仿真，在方案得到最大程度优化之后，再正式启动实际建造。所以三维模型的建立，可以说是未来建筑和安装的基础。

所以，对于安装计量软件的选择既要考虑操作层面，更要考虑未来建筑的发展方向和行业的发展趋势，以长远的角度来决策，才会更加合理，从而发挥软件的更大价值。